名校名师精品系列教材

Android Application Development Case Tutorial (Using Android Studio)

Android 应用开发案例教程

Android Studio 版 | 第 2 版 | 微课版

张霞 ◉ 主编
肖正兴 李斌 ◉ 副主编

人民邮电出版社
北京

图书在版编目（CIP）数据

Android应用开发案例教程 : Android Studio版 : 微课版 / 张霞主编. -- 2版. -- 北京 : 人民邮电出版社, 2023.9 (2024.6重印)
名校名师精品系列教材
ISBN 978-7-115-61241-0

Ⅰ. ①A… Ⅱ. ①张… Ⅲ. ①移动终端－应用程序－程序设计－教材 Ⅳ. ①TN929.53

中国国家版本馆CIP数据核字(2023)第035008号

内 容 提 要

本书全面、系统地讲解了 Android 开发的相关知识。全书共 8 章，第 1～7 章详细介绍 Android 基础知识，包括 Android UI 设计、Activity 与多个 UI、多媒体播放与录制、广播与服务、数据存储、图像和动画、网络编程；第 8 章介绍一个实践项目，帮助读者将基础知识融会贯通，并结合新的 Android 技术做适度拓展。

本书内容浅显易懂，可操作性强。为避免冗余，书中省略一些简单的布局源代码，读者可以通过扫描二维码查看完整源代码。

本书可作为高职院校 Android 系列课程的教材，也可作为 Android 初学者的自学用书。

◆ 主　　编　张　霞
副 主 编　肖正兴　李　斌
责任编辑　初美呈
责任印制　王　郁　焦志炜

◆ 人民邮电出版社出版发行　　北京市丰台区成寿寺路 11 号
邮编　100164　　电子邮件　315@ptpress.com.cn
网址　https://www.ptpress.com.cn
北京隆昌伟业印刷有限公司印刷

◆ 开本：787×1092　1/16
印张：14.75　　2023 年 9 月第 2 版
字数：341 千字　　2024 年 6 月北京第 2 次印刷

定价：59.80 元

读者服务热线：(010)81055256　印装质量热线：(010)81055316
反盗版热线：(010)81055315
广告经营许可证：京东市监广登字 20170147 号

前 言 PREFACE

生活与移动互联网已经变得形影不离，人们只需要轻轻点触屏幕，就能随时随地获取想要的信息。移动互联网时代已经开启，移动互联网已成为全世界商业和科技创新发展的加速器，也带来了很多机遇和挑战。Android 系统是一个开放式的移动互联网操作系统，已经成为应用非常广泛的移动互联网平台。党的二十大报告提出：我们要坚持教育优先发展、科技自立自强、人才引领驱动，加快建设教育强国、科技强国、人才强国。本书全面贯彻党的二十大精神，落实优化职业教育类型定位要求，紧盯理论和实践相结合的双料人才培养目标，突出实操性环节，强化职业岗位能力的训练，培养学生开发移动应用的专业能力。

本书内容浅显易懂，采用 Android Studio 开发环境，通过典型应用实例来介绍知识点，将相关知识融入实例之中。读者可以通过实例逐步掌握 Android 系统的开发方法，再通过实践项目来强化开发 Android 应用的能力。

课程准备

对于第一部分（第 1～7 章），推荐分配 64 学时；对于第二部分（第 8 章），推荐安排 1 周的课程实训。本书第一部分的主要内容及学习要求如表 1 所示，学时分配表如表 2 所示。

表 1　本书第一部分的主要内容及学习要求

章号	章名	主要内容		学习要求
1	Android UI 设计	理论教学	介绍背景知识和开发工具、开发环境的配置、Android 项目的创建	熟悉 Android Studio 开发工具 熟悉开发环境的配置 熟悉 Android 项目的创建 熟悉项目的基本框架
		实践项目	常用的 6 种布局文件的制作、制作登录界面、实现带有图片的列表信息	掌握常用 UI 布局方式 掌握常用界面组件的使用方法 掌握基本调试的技术
2	Activity 与多个 UI	理论教学	介绍 Activity 生命周期和启动模式、组件的相应事件处理、Activity 之间的跳转和数据传递、消息提示类、消息对话框，以及菜单的设计过程	熟悉 Activity 程序的框架 熟悉界面组件的事件处理 熟悉 Activity 之间的跳转和数据传递 熟悉菜单的设计过程

续表

章号	章名	主要内容		学习要求
2	Activity 与多个 UI	实践项目	Activity 之间的跳转和数据传递示例、Toast 示例、消息对话框应用示例、选项菜单应用示例、上下文菜单应用示例	掌握 Activity 之间的跳转和数据传递 掌握消息提示类的使用方法 掌握消息对话框的使用方法
3	多媒体播放与录制	理论教学	介绍 MediaPlayer 对象的生命周期、音频文件的播放方法、SD 卡文件的访问方法、视频播放的方法、录音与拍照的实现方法	熟悉 MediaPlayer 对象的生命周期 熟悉音频文件的播放方法 熟悉 SD 卡文件的访问方法 熟悉视频播放的方法 熟悉录音与拍照的实现方法
		实践项目	播放项目资源中的音乐示例、播放 SD 卡中的音乐示例、应用视频组件设计视频播放器示例、录音示例、照相示例	掌握音频文件的播放方法 掌握 SD 卡文件的访问方法 掌握视频播放的方法
4	广播与服务	理论教学	介绍广播机制、广播发送和接收的方法、系统服务的调用方法、后台服务的实现方法	掌握广播的收发机制 熟悉广播发送和接收的方法 熟悉系统服务的调用方法 熟悉后台服务的实现方法
		实践项目	消息广播程序示例、显示系统通知服务示例、闹钟服务示例、调用系统拨打电话功能示例、后台音乐服务程序示例	掌握广播发送和接收的方法 掌握系统服务的调用方法 掌握通过 Intent 调用系统功能的方法 掌握后台服务的实现方法
5	数据存储	理论教学	介绍数据存储的主要技术：文件存储技术、JSON 数据存储技术、SharedPreferences 存储技术、SQLite 存储技术	了解数据存储的主要技术 掌握文件存储技术 掌握 JSON 数据格式 掌握 SQLite 数据库的常用操作
		实践项目	读取与保存文件的应用程序示例、解析 JSON 数据示例、应用 SharedPreferences 对象保存客户信息示例、创建与删除数据库示例、数据记录管理示例	掌握 JSON 数据格式的文件存储技术 掌握 SharedPreferences 存储技术 掌握 SQLite 存储技术 熟练运用 SQLite 进行本地数据库的创建等常用操作

续表

章号	章名	主要内容		学习要求
6	图像和动画	理论教学	介绍图像处理和几种基础动画视觉的技术：几何图形绘制、几种基础的动画实现、几种图像浏览技术、触屏事件处理方法	掌握几何图形的绘制 熟悉几种基础的动画实现 掌握几种图像浏览技术 掌握游戏中的触屏事件处理
		实践项目	绘制几何图形示例，编写可以旋转、缩放、淡入淡出、移动的补间动画程序和可以旋转、缩放、淡入淡出的属性动画程序，图像浏览示例，展示相册示例，触屏事件处理示例	掌握几种基础的动画实现 掌握 ImageView 组件 掌握 ImageSwitcher 组件 掌握 GridView 组件 掌握 OnTouchListener 接口
7	网络编程	理论教学	介绍浏览器引擎和 WebView 类、HTTP 的网络编程、Volley 框架读取网络数据的方法、Volley 框架解析 JSON 数据的方法	了解 WebKit 引擎和 WebView 类 熟悉 HTTP 的网络编程 掌握 Volley 框架读取网络数据的方法 掌握 Volley 框架解析 JSON 数据的方法
		实践项目	应用 WebView 浏览网页示例、从 Web 服务器读取图像文件示例、应用 Volley 框架读取 JSON 数据示例、应用 Volley 框架解析 JSON 数据示例	了解 WebView 类 熟悉 HTTP 的网络编程 掌握如何使用 Volley 框架从 Web 服务器读取数据和解析 JSON 数据

表 2　本书第一部分的学时分配表（64 学时）

序号	授课内容	学时分配	
		讲课	实践
1	Android UI 设计	5 学时	5 学时
2	Activity 与多个 UI	4 学时	6 学时
3	多媒体播放与录制	3 学时	5 学时
4	广播与服务	4 学时	4 学时
5	数据存储	4 学时	6 学时
6	图像和动画	4 学时	4 学时
7	网络编程	4 学时	6 学时
合计		28 学时	36 学时

本书案例在 Android Studio 4.2 上完成。配套的电子教案、案例所要的初始素材和完成后的项目代码等资源，读者可登录人邮教育社区（www.ryjiaoyu.com）下载。由于 Android Studio 版本更新较快，程序必须不断更新，读者可通过单击下载页面的“在线学习”链接查看。

由于编者水平和经验有限，书中难免有不妥和疏漏之处，恳请读者批评指正。如有任何意见或建议，请发邮件至 zhangxia@szpt.edu.cn。

编　者

2023 年 1 月

目 录 CONTENTS

第 1 章　Android UI 设计

学习目标

- 熟悉 Android Studio 开发工具
- 熟悉 Android 项目的创建
- 掌握常用 UI 布局方式
- 掌握常用界面组件的使用方法

第 1 章　本章知识

本章从创建一个 Android 新项目开始，一步一步展开介绍 Android 的开发设计，通过 15 个案例重点介绍界面的布局设计及常用界面组件。

用户界面设计即 UI（User Interface）设计，UI 设计是本章的重点。图 1-1 展示了本章案例涉及的布局文件。通常一个项目包含多个界面，几乎每个界面都有对应的 XML（eXtensible Markup Language，可扩展标记语言）布局文件。

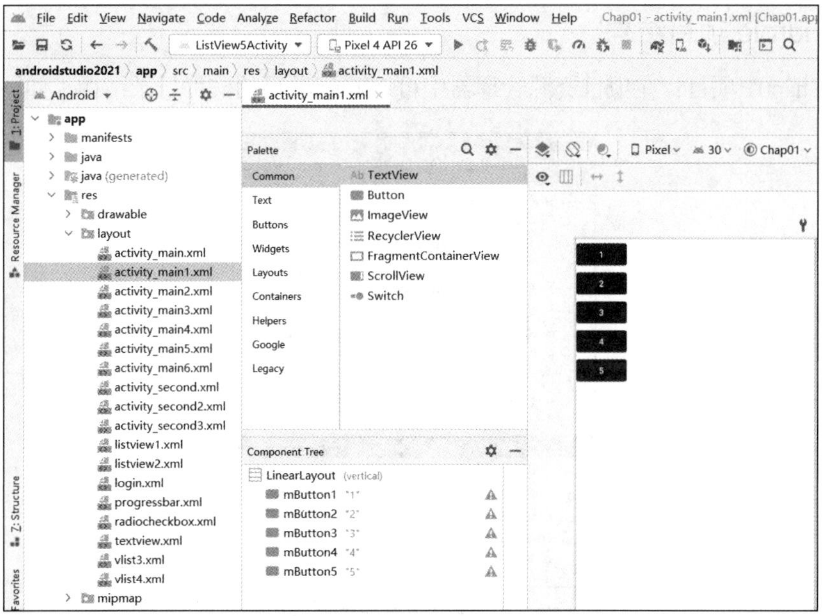

图 1-1　本章案例涉及的布局文件

Android Studio 的安装与配置参见本书的附录。

1.1 新建 Android 项目

1.1.1 Android Studio 自动构建新项目

启动 Android Studio，选择“Create New Project”，如图 1-2 所示。在弹出的对话框中单击“Phone and Tablet”和“Empty Activity”选项，然后单击“Next”按钮进入下一步操作，在弹出的对话框中输入项目名称（Chap01）、包名等参数，可采用默认信息，最后单击“Finish”按钮完成项目的创建。新安装环境的第一个项目的构建时间会比较长。

图 1-2　Android Studio 启动后的第一个界面

1.1.2 Android 项目结构

打开 Chap01 项目，在项目资源管理器中可以看到项目的文件目录结构，如图 1-3 所示。

图 1-3　项目的文件目录结构

1. app 模块下的文件目录结构

（1）manifests：存储项目的配置信息文件。

（2）java：存储源代码和测试代码。

（3）res：资源目录，存储项目所需的资源。

2. Gradle Scripts 模块下的文件目录结构

该文件目录一般不用留意。Gradle 是一种管理工具，抛弃了基于 XML 的各种烦琐配置，它使用基于 Groovy 的 DSL（Domain Specific Language，领域特定语言）。build.gradle 文件内容简洁，提供了很多设置和属性的默认值。

3. 资源目录 res 及其资源类型

res 用于存放项目所需的声音、图片、UI 等资源文件。res 下的常用资源（如图片文件）一般会在 R 类中自动生成资源 ID，封装在 APK（Android Application Package，安卓应用程序包）中。res 下的常用资源目录如表 1-1 所示，其中重要的 3 个目录如下。

（1）drawable 目录，存放图片资源。

（2）layout 目录，存放 UI 布局文件。

（3）values 目录，存放参数描述资源，都是 XML 文件，如 strings.xml（字符串资源）、colors.xml（颜色资源）、arrays.xml（数组资源）等。

表 1-1 res 下的常用资源目录

目录结构	资源类型
res/drawable	存放图片（扩展名为.bmp、.png、.gif、.jpg 等）
res/layout	存放 XML 布局文件
res/values	存放字符串、颜色、尺寸、数组、主题、类型等的资源
res/anim	存放 XML 格式的动画资源
res/menu	存放菜单资源
res/raw	存放不进行编译的资源，一般存放比较大的音频、视频、图片或文档
res/assets	存放不进行编译的资源，与 raw 目录相比，不会在 R 类中生成资源 ID

1.1.3 res 资源引用方法

在程序中引用资源时需要使用 R 类，其引用形式为：

```
R.资源类型.资源名称
```

示例如下。

（1）在 Activity 中显示布局视图（View）。

```
setContentView(R.layout.main);
```

该 set 方法引用布局文件 main，生成指定布局的 View，并将其显示在屏幕上。View 生成后，布局包含的组件随之完成实例化，转换为 Activity 的 View 对象。

（2）Java 程序要获取布局文件中的图片组件 img。

```
img = (Image)findViewById(R.id.img);
```

（3）Java 程序获取布局文件中的列表组件 alist。

```
alist = (List)findViewById(R.id.alist);
```

1.1.4 AndroidManifest.xml 项目配置文件

Android 应用程序由松散耦合的组件组成，并使用 manifests 绑定到一起，通过 AndroidManifest.xml 描述应用程序的包名、标识、组件、外部库及权限等。每个应用程序都需要项目配置文件 AndroidManifest.xml，它位于应用程序的根目录 main 下面。该文件的代码说明如表 1-2 所示。

表 1-2 AndroidManifest.xml 文件的代码说明

代码元素	说明
manifest	XML 文件的根节点
xmlns:android	命名空间的声明，使 Android 中的各种标准属性能在文件中使用
package	声明应用程序包
uses-sdk	声明应用程序所使用的 Android SDK 版本
application	application 级别的根节点，声明应用程序的组件及其属性
android:icon	应用程序图标，图片文件一般放在 drawable 文件夹
android:label	应用程序名称，在手机 App 主页的名字，也称为标题
activity	Activity 标签，每个 Activity 都必须在配置文件中注册
android:name	Activity 标签内的属性 name 是指 Activity 的类名
intent-filter	意图过滤器，声明该活动、服务和广播接收器对应的动作、类别和数据类型
action	声明目标组件执行的 Intent 动作
category	指定目标组件支持的 Intent 类别

1.1.5 Android 应用程序架构分析

1. 控制层与表现层

在 Android 应用程序中，控制层与表现层是分开设计的。控制层由 Java 应用程序实现，表现层由 XML 布局文件描述。

控制层与表现层的关系如图 1-4 所示。

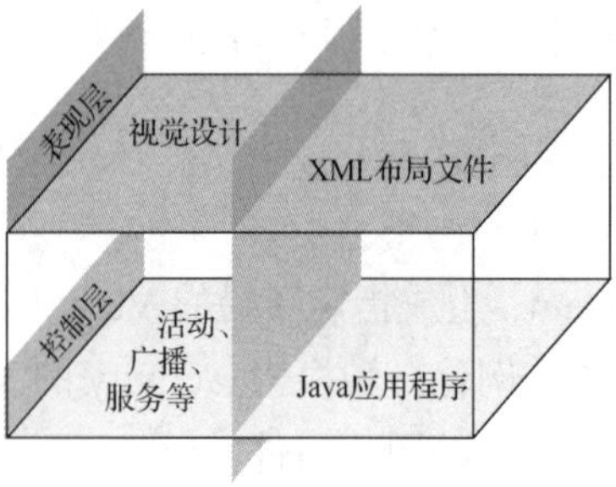

图 1-4 控制层与表现层的关系

2. Activity 主程序介绍

Activity 与布局文件的关联是非常重要的。要想让布局显示到屏幕上，首先要在 Activity 启动时把布局文件显示出来。Activity 类中重写了 onCreate()方法，每个 Activity 都要进行一些必要的初始化，而这些初始化就是通过调用父类的 onCreate()方法来进行的。

图 1-5 所示的第 9 行代码关联了布局文件 activity_main.xml。本章的案例都很简单，只要修改 MainActivity 关联各个案例的布局文件即可完成测试。

编程中如果提示相关的包没有被导入，则按【Alt+Enter】组合键，Android Studio 会自动导入缺失的包。

```
1  package com.example.chap01;        //声明应用程序包
2  import androidx.appcompat.app.AppCompatActivity;    //导入包
3  import android.os.Bundle;
4  public class MainActivity extends AppCompatActivity {   //声明一个活动类
5      @Override
6      protected void onCreate(Bundle savedInstanceState)    //重写父类方法
7      {
8          super.onCreate(savedInstanceState);          //调用父类方法
9          setContentView(R.layout.activity_main);    //设置一个布局
10     }
11 }
```

图 1-5 Activity 主程序介绍

1.2 Android 布局管理

Android 系统应用程序的设计采用 MVC（Model-View-Controller，模型-视图-控制器）模式，即把应用程序分为业务模型层、表现层、控制层。按照这种模式，界面布局为表现层，Activity 控制程序为控制层，将应用程序的界面设计与功能控制设计分离，从而可以单独地修改 UI。

Android 系统的布局管理指的是在 XML 布局文件中设置组件的大小、间距、排列及对齐方式等。Android 系统中常用的布局方式有 LinearLayout、FrameLayout、TableLayout、RelativeLayout、GridLayout、ConstraintLayout 等。

1.2.1 布局文件的规范与重要属性

1. 布局文件的规范

Android 应用程序的 XML 布局文件有以下规范。

（1）应存放在 res/layout 目录，其扩展名为.xml。

（2）根节点通常是一个布局方式，在根节点内可以添加组件作为节点。

（3）根节点必须包含一个命名空间：

```
xmlns:android=http://schemas.android.com/apk/res/android
```

（4）要在 Java 程序中控制布局的组件，必须在布局中给组件定义 ID，定义格式为：

```
android:id="@+id/<组件 ID>"
```

（5）文件名只能由小写英文字母、数字和下画线组成，并且只能以小写英文字母开头。

2. 布局文件的重要属性

（1）设置组件大小的属性。

- wrap_content：根据组件内容的大小来决定组件视图的大小。
- match_parent：使组件填充所在容器的所有空间。

（2）设置组件大小的单位。

- px（Pixel，像素）：即屏幕上的最小发光点。
- dp（或 dip，设备独立像素）：一种支持多分辨率设备的抽象单位。
- sp（Scaled Pixel，比例像素）：用于设置字体大小。

（3）设置组件的对齐方式。

对齐方式由 android:gravity 属性控制，其属性值有 top、bottom、left、right、center_horizontal、center_vertical 等。

1.2.2 常用的布局方式

布局文件可以单独创建，创建时需要输入文件名，文件名的字母必须全部小写，然后输入布局文件的类型。如图 1-6 所示，创建了一个新的 XML 布局文件，文件名是 activity_second。

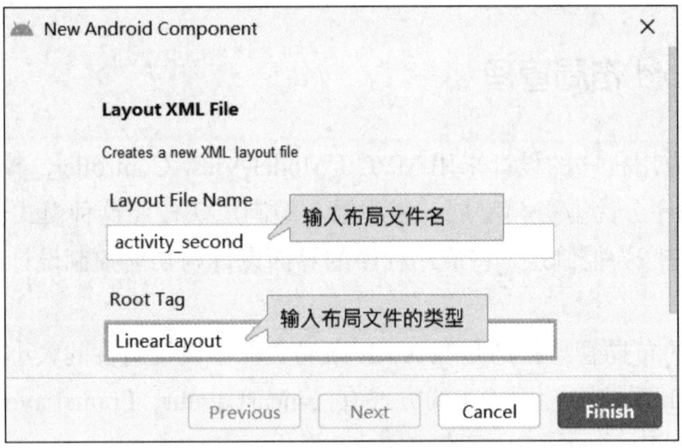

图 1-6 创建 XML 布局文件

1. 线性布局

线性布局（LinearLayout）将组件按照水平或垂直方向排列。在 XML 布局文件中，由根节点 LinearLayout 来标识线性布局，由 android:orientation 属性来设置排列方向，其属性值有水平（horizontal）和垂直（vertical）两种。

（1）将组件排列方向设置为水平方向：android:orientation="horizontal"。

（2）将组件排列方向设置为垂直方向：android:orientation="vertical"。

【例 1-1】线性布局应用示例。

设计一个有 5 个按钮的线性布局，其组件层级关系如图 1-7 所示。

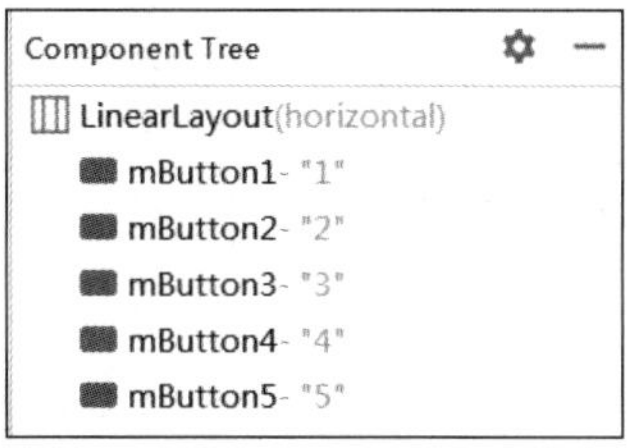

图 1-7 线性布局的组件层级关系

例 1-1 演示视频

布局文件 activity_main1.xml 的源代码如下：

```
<?xml version="1.0" encoding="utf-8"?>
<LinearLayout xmlns:android="http://schemas.android.com/apk/res/android"
    android:layout_width="fill_parent"
    android:layout_height="fill_parent"
    android:orientation="vertical" >
    <Button
        android:id="@+id/mButton1"
        android:layout_width="wrap_content"
        android:layout_height="wrap_content"
        android:text="1" />
    <Button
        android:id="@+id/mButton2"
        android:layout_width="wrap_content"
        android:layout_height="wrap_content"
        android:text="2" />
    <Button
        android:id="@+id/mButton3"
        android:layout_width="wrap_content"
        android:layout_height="wrap_content"
        android:text="3" />
    <Button
        android:id="@+id/mButton4"
        android:layout_width="wrap_content"
        android:layout_height="wrap_content"
        android:text="4" />
    <Button
        android:id="@+id/mButton5"
        android:layout_width="wrap_content"
        android:layout_height="wrap_content"
```

```
30.        android:text="5" />
31. </LinearLayout>
```

将程序 MainActivity 中调用的布局文件修改为 activity_main1。程序运行结果如图 1-8 所示。

将上述代码中第 5 行的“android:orientation="vertical"”（垂直方向的线性布局）更改为“android:orientation ="horizontal"”（水平方向的线性布局），则程序运行结果如图 1-9 所示。

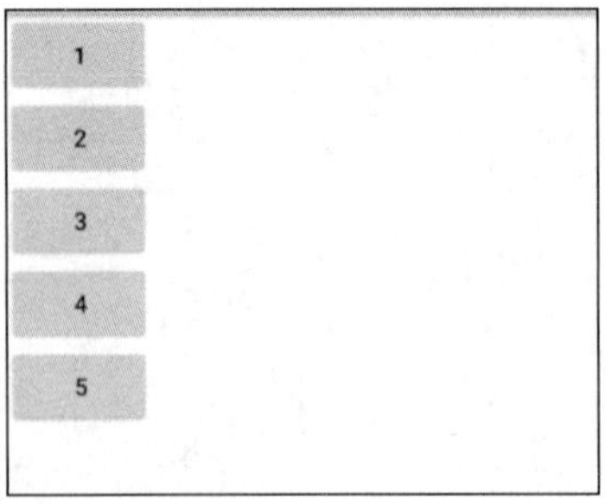

图 1-8　垂直方向线性布局示例

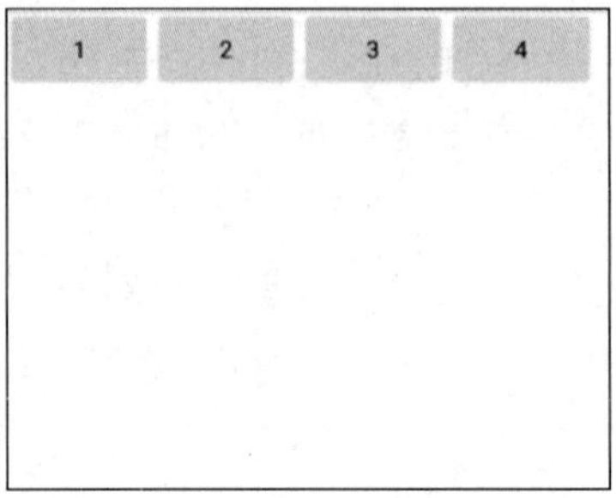

图 1-9　水平方向线性布局示例

这 5 个按钮改为水平方向排列后，有一个按钮“5”被挤到了界面以外。在布局设计时必须考虑屏幕的宽度，不然就会发生这种意外。

2. 帧布局

帧布局（FrameLayout）将组件放置到界面左上角位置，当添加多个组件时，后面的组件将遮盖之前的组件。在 XML 布局文件中，由根节点 FrameLayout 来标识帧布局。

例 1-2　演示视频

【例 1-2】帧布局应用示例。

将准备的图像文件 mm11.jpg 复制到 drawable 目录下，然后新建图 1-10 所示的布局。

图 1-10　帧布局的控件层级关系和属性

布局文件 activity_main2.xml 的源代码如下：

```
<?xml version="1.0" encoding="utf-8"?>
<FrameLayout xmlns:android="http://schemas.android.com/apk/res/android"
    xmlns:app="http://schemas.android.com/apk/res-auto"
    android:layout_width="fill_parent"
    android:layout_height="match_parent"
    android:foreground="@drawable/mm11"
    android:foregroundGravity="right|top">
    <TextView
        android:id="@+id/txt"
        android:layout_width="350dp"
        android:layout_height="200dp"
```

```
        android:background="@color/colorAccent" />
    <TextView
        android:id="@+id/txt2"
        android:layout_width="250dp"
        android:layout_height="150dp"
        android:background="@color/colorPrimary"
        android:text="后添加的文本框"
        android:textSize="24sp" />
</FrameLayout>
```

修改控制文件 MainActivity.java 调用的布局文件，这非常重要。

```
public class MainActivity extends AppCompatActivity
{
    @Override
    public void onCreate(Bundle savedInstanceState)
    {
        super.onCreate(savedInstanceState);
        setContentView(R.layout.activity_main2);// 修改布局文件调用
    }
}
```

程序运行结果如图 1-11 所示，后添加的文本框组件遮挡了之前的图像。

图 1-11　帧布局示例

3. 表格布局

表格布局（TableLayout）将页面划分成由行和列构成的单元格，在 XML 布局文件中由根节点 TableLayout 来标识。表格的行由<TableRow>…</TableRow>定义。放置组件时，由 android:layout_column 指定列序号。表格布局的 3 个常用属性如下。

（1）android:collapseColumns：设置需要被隐藏的列序号。

（2）android:shrinkColumns：设置允许被收缩的列序号。

（3）android:stretchColumns：设置允许被拉伸的列序号。

【例 1-3】表格布局应用示例。

设计一个 3 行 4 列的表格布局，如图 1-12 所示。

例 1-3 演示视频

图 1-12 表格布局示例

将准备好的图像文件 mmx.jpg 复制到 res/drawable 目录下。

布局文件 activity_main3.xml 的源代码如下：

```
<?xml version="1.0" encoding="utf-8"?>
<TableLayout  xmlns:android="http://schemas.android.com/apk/res/android"
    xmlns:app="http://schemas.android.com/apk/res-auto"
    android:layout_width="fill_parent"
    android:layout_height="fill_parent">
    <TableRow>
        <ImageView
            android:layout_width="wrap_content"
            android:layout_height="wrap_content"
            app:srcCompat="@drawable/mmx" />
        <ImageView
            android:layout_width="wrap_content"
            android:layout_height="wrap_content"
            app:srcCompat="@drawable/mmx" />
    </TableRow>
    <TableRow>
        <ImageView
            android:layout_width="wrap_content"
            android:layout_height="wrap_content"
            app:srcCompat="@drawable/mmx"
            android:layout_column="1"/>
        <ImageView
            android:layout_width="wrap_content"
            android:layout_height="wrap_content"
            app:srcCompat="@drawable/mmx"
            android:layout_column="2"/>
    </TableRow>
```

```
    <TableRow>
        <ImageView
            android:layout_width="wrap_content"
            android:layout_height="wrap_content"
            app:srcCompat="@drawable/mmx"
            android:layout_column="3"/>
    </TableRow>
</TableLayout>
```

4. 相对布局

相对布局（RelativeLayout）是采用相对于其他组件的位置的布局方式。在相对布局中，通过指定 ID 关联其他组件，从而以右对齐、上对齐、下对齐或屏幕中央对齐等方式来排列组件。

在 XML 布局文件中，由根节点 RelativeLayout 来标识相对布局。

例 1-4 演示视频

【例 1-4】应用相对布局排列一张图片和 4 个按钮，如图 1-13 所示。

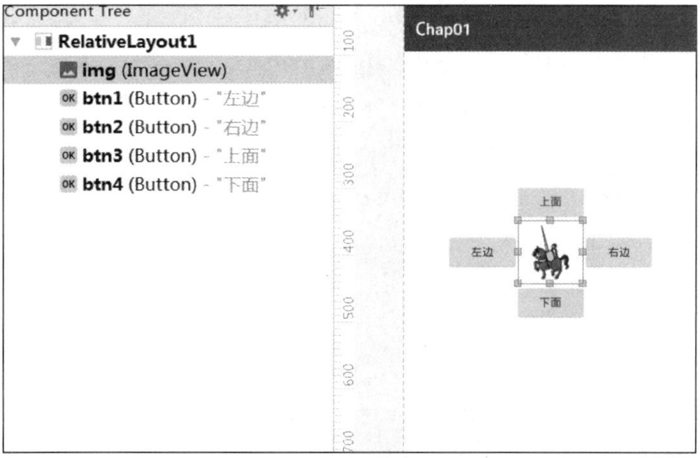

图 1-13 相对布局示例

布局文件 activity_main4.xml 的源代码如下：

```
<?xml version="1.0" encoding="utf-8"?>
<RelativeLayout xmlns:android="http://schemas.android.com/apk/res/android"
    xmlns:tools="http://schemas.android.com/tools"
    android:id="@+id/RelativeLayout1"
    android:layout_width="match_parent"
    android:layout_height="match_parent" >
    <!-- 这张图片在容器中央 -->
    <ImageView
        android:id="@+id/img"
```

```
        android:layout_width="80dp"
        android:layout_height="80dp"
        android:layout_centerInParent="true"
        android:src="@drawable/abc"/>
    <!-- 在图片的左边 -->
    <Button
        android:id="@+id/btn1"
        android:layout_width="wrap_content"
        android:layout_height="wrap_content"
        android:layout_toLeftOf="@id/img"
        android:layout_centerVertical="true"
        android:text="左边"/>
    <!-- 在图片的右边 -->
    <Button
        android:id="@+id/btn2"
        android:layout_width="wrap_content"
        android:layout_height="wrap_content"
        android:layout_toRightOf="@id/img"
        android:layout_centerVertical="true"
        android:text="右边"/>
    <!-- 在图片的上面-->
    <Button
        android:id="@+id/btn3"
        android:layout_width="wrap_content"
        android:layout_height="wrap_content"
        android:layout_above="@id/img"
        android:layout_centerHorizontal="true"
        android:text="上面"/>
    <!-- 在图片的下面 -->
    <Button
        android:id="@+id/btn4"
        android:layout_width="wrap_content"
        android:layout_height="wrap_content"
        android:layout_below="@id/img"
        android:layout_centerHorizontal="true"
        android:text="下面"/>
</RelativeLayout>
```

5. 网格布局

网格布局（GridLayout）把界面设计区域划分为若干行和列的网格，网格中的一个组件可以占据多行或多列。在 XML 布局文件中，由根节点 GridLayout 来标识网格布局。应用网格布局的属性可以设置组件在网格中的大小和摆放方式。

网格布局的主要属性如下。

（1）alignmentMode：设置布局管理器的对齐方式。

（2）columnCount：设置网格列的数量。

（3）rowCount：设置网格行的数量。

常用的网格属性如下。

（1）layout_column：指定该网格在第几列显示。

（2）layout_row：指定该网格在第几行显示。

（3）layout_columnSpan：指定该网格占据的列数。

（4）layout_rowSpan：指定该网格占据的行数。

（5）layout_gravity：指定该网格在容器中的位置。

（6）layout_columnWeight：设置列权重。

（7）layout_rowWeight：设置行权重。

【例 1-5】应用网格布局设计一个计算器界面。

计算器的设计界面如图 1-14 所示。在界面设计区域中设置一个 6 行 4 列的网格布局，第一行为用于显示数据的文本标签，第二行为用于清除数据的按钮和加号按钮，第 3～6 行共设置 15 个按钮，分别代表数字及运算符号。

例 1-5 演示视频

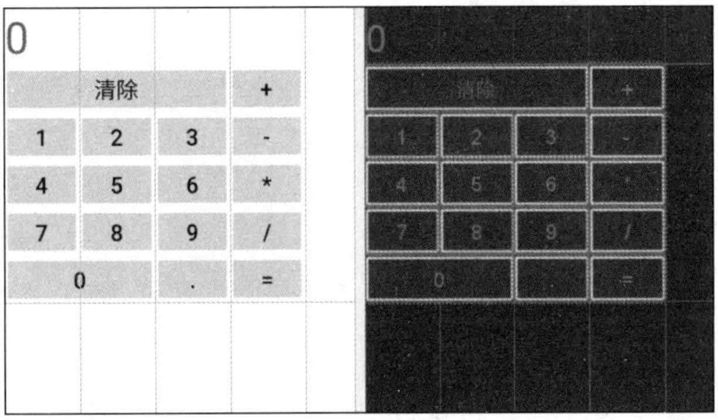

图 1-14 计算器的设计界面

布局文件 activity_main5.xml 的源代码如下：

```
<?xml version="1.0" encoding="utf-8"?>
    <GridLayout  xmlns:android="http://schemas.android.com/apk/res/android"
     android:layout_width="match_parent"
     android:layout_height="match_parent"
     android:rowCount="6"
```

```
      android:columnCount="4">
    <!--文本标签-->
    <TextView
    android:layout_width="wrap_content"
    android:layout_height="wrap_content"
    android:layout_columnSpan="4"
    android:layout_marginLeft="4px"
    android:gravity="left"
    android:text="0"
    android:textSize="50dp"/>
<Button
        android:layout_columnWeight="1"
        android:layout_columnSpan="3"
        android:text="清除"
        android:textSize="26sp" />
    <Button android:text="+" android:textSize="26sp" />
    <Button android:text="1" android:textSize="26sp" />
    <Button android:text="2" android:textSize="26sp" />
    <Button android:text="3" android:textSize="26sp" />
    <Button android:text="-" android:textSize="26sp" />
    <Button android:text="4" android:textSize="26sp" />
    <Button android:text="5" android:textSize="26sp" />
    <Button android:text="6" android:textSize="26sp" />
    <Button android:text="*" android:textSize="26sp" />
    <Button android:text="7" android:textSize="26sp" />
    <Button android:text="8" android:textSize="26sp" />
    <Button android:text="9" android:textSize="26sp" />
    <Button android:text="/" android:textSize="26sp" />
    <Button
        android:layout_height="wrap_content"
        android:layout_columnSpan="2"
        android:layout_columnWeight="1"
        android:text="0"
        android:textSize="26sp" />
    <Button android:text="." android:textSize="26sp" />
<Button android:text="=" android:textSize="26sp" />

</GridLayout>
```

6. 约束布局

在 Android Studio 4.2 中新建的模块（Module）中，默认的布局方式就是约束布局（ConstraintLayout）。在 XML 布局文件中，由根节点 ConstraintLayOut 来标识约束布局。如图 1-15 所示，设计工作区中有两种预览方式，一种是设计预览，一种是蓝图。两者可以辅助进行布局预览。

添加约束的操作十分简单，首先拖动一个 ImageView 组件到蓝图中，然后单击选中，可以看到组件上下左右都出现了一个小圆圈，这些小圆圈就是用来添加约束的。另外还在 4 个角出现了小矩形，它们是用来扩大或缩小组件的。

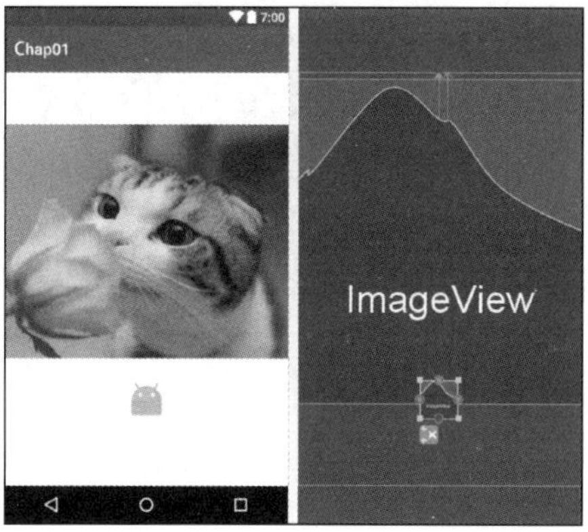

图 1-15　约束布局示例

【例 1-6】应用约束布局设计两张图片。

应用约束布局设计两张图片的放置效果如图 1-15 所示。

例 1-6　演示视频

布局文件 activity_main6.xml 的源代码如下：

```
<?xml version="1.0" encoding="utf-8"?>
<androidx.constraintlayout.widget.ConstraintLayout
    xmlns:android="http://schemas.android.com/apk/res/android"
    xmlns:app="http://schemas.android.com/apk/res-auto"
    xmlns:tools="http://schemas.android.com/tools"
    android:layout_width="match_parent"
    android:layout_height="match_parent">
    <ImageView
        android:id="@+id/img"
        android:layout_width="wrap_content"
        android:layout_height="wrap_content"
        app:layout_constraintLeft_toLeftOf="parent"
        app:layout_constraintRight_toRightOf="parent"
        app:srcCompat="@drawable/mm12"
        android:contentDescription="cat"
```

```
        tools:ignore="MissingConstraints" />
    <ImageView
        android:id="@+id/img2"
        android:layout_width="wrap_content"
        android:layout_height="wrap_content"
        app:srcCompat="@mipmap/ic_launcher"
        app:layout_constraintLeft_toLeftOf="parent"
        app:layout_constraintRight_toRightOf="parent"
        app:layout_constraintTop_toTopOf="parent"
        android:contentDescription="robot"
        android:layout_marginTop="380dp" />

</androidx.constraintlayout.widget.ConstraintLayout>
```

设计工作区提供了很好的交互方式，读者只要多动手练习，就能掌握约束布局的属性控制。

1.3 UI 组件包

1.3.1 widget 包

Android 系统提供了丰富的 UI 组件。通过使用这些组件，开发人员可以设计出优秀的 UI。大多数 UI 组件都放在 widget 包及其子包中。widget 包中的常用组件如表 1-3 所示。

表 1-3 widget 包中的常用组件

组件分类	可视化组件（控件）
文本组件	TextView、EditText
按钮组件	Button 、ImageButton、CheckBox、RadioButton
进度组件	ProgressBar、SeekBar
图片组件	ImageView、ImageButton
时间组件	AnalogClock、CalendarView、DatePicker、TimePicker
需要适配器的布局组件	AdapterView、GridView、ListView、Spinner
动画组件	ViewSwitcher、ImageSwitcher、TextSwitcher
滚动条组件	HorizontalScrollView、ScrollView
消息组件	Toast
布局组件	LinearLayout、RelativeLayout、GridLayout、ConstraintLayout
网页组件	WebView
多媒体组件	VideoView、MediaController、SurfaceView

1.3.2 View 类

View 类是 UI 组件的共同父类，几乎所有的 UI 组件都继承 View 类，如 TextView、Button、EditText 等。

View 类及其子类的属性可以在 XML 布局文件中设置，也可以通过成员方法在 Java 代码中动态设置。View 类常用的属性和对应方法如表 1-4 所示。

表 1-4 View 类常用的属性和对应方法

属性	对应方法	说明
android:background	setBackgroundColor(int color)	可设置背景颜色
android:id	findViewById(int id)	与指定 ID 的组件建立关联
android:alpha	setAlpha(float)	设置透明度，取值范围为 0～1
android:visibility	setVisibility(int)	设置组件的可见性
android:clickable	setClickable(boolean)	设置组件是否响应点击事件

1.4 常用组件

1.4.1 文本框

文本框（TextView）用于显示字符串，是最常用的组件之一。TextView 常用的方法及属性分别如表 1-5 和表 1-6 所示。

表 1-5 TextView 常用方法

方法	功能
getText()	获取文本框的文本内容
setText(CharSequence text)	设置文本框的文本内容
setTextSize(float)	设置文本框内文本的字体大小
setTextColor(int color)	设置文本框内文本的颜色

表 1-6 TextView 常用属性

属性	说明
android:id	文本框标识
android:layout_width	文本框的宽度
android:layout_height	文本框的高度
android:text	文本内容
android:textSize	字体大小

表示文本颜色的方法有很多种，Android 系统在 android.graphics.Color 中定义了 12 种常见的颜色常数，如表 1-7 所示。

表 1-7　常见的颜色常数

颜色常数	意义
Color.BLACK	黑色
Color.BLUE	蓝色
Color.CYAN	青绿色
Color.DKGRAY	灰黑色
Color.GRAY	灰色
Color.GREEN	绿色
Color.LTGRAY	浅灰色
Color.MAGENTA	红紫色
Color.RED	红色
Color.TRANSPARENT	透明
Color.WHITE	白色
Color.YELLOW	黄色

例 1-7　演示视频

【例 1-7】设计一个由标题和正文组成的文本框组件程序，并且文字内容超过一屏，如图 1-16 所示。

布局时把 TextView 放在一个 ScrollView 里面，当文字内容很长的时候，ScrollView 会自动显示滚动条，不需要通过代码实现滚动。

（1）打开 res/values 下的 strings.xml，添加属性为“hello”的元素项的文本内容。

strings.xml 部分源代码如下：

```
<string name="title">少年中国说（节选）\n 梁启超 〔近代〕</string>
<string name="hello">故今日之责任，不在他人，而全在我少年。少年智则国智，少年富则
                    国富；少年强则国强，少年独立则国独立，
……
</string>
```

（2）设计界面布局文件 textview.xml。

加入 TextView，设置该 TextView 的 id 属性值为 title，其 text 属性值为资源文件 strings.xml 中的 title 项“@string/title”；再把有大段正文的 TextView 放在一个 ScrollView 里，其 id 属性值为 txt，其 text 属性值为 strings.xml 中的 hello 项“@string/hello”，如图 1-17 所示。

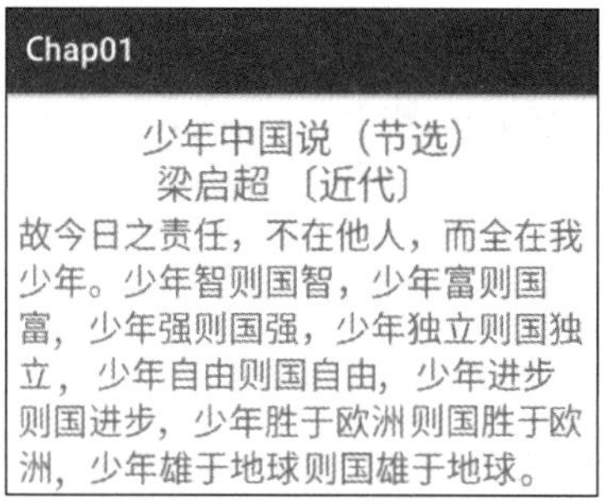

图 1-16 文本框组件程序

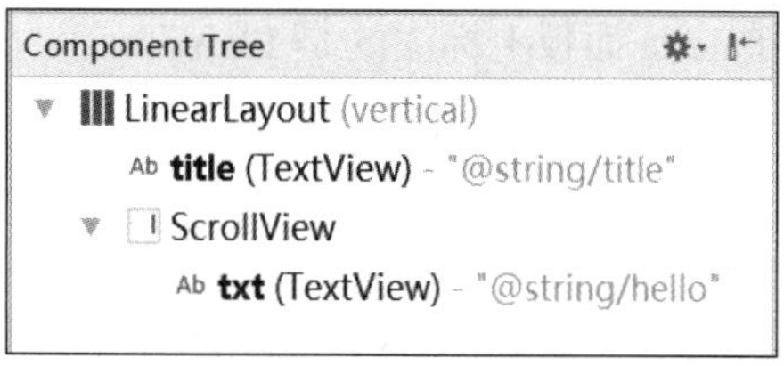

图 1-17 布局的组件层级关系和属性

布局文件 textview.xml 的源代码如下：

```
<?xml version="1.0" encoding="utf-8"?>
<LinearLayout xmlns:android="http://schemas.android.com/apk/res/android"
    android:layout_width="match_parent"
    android:layout_height="match_parent"
    android:orientation="vertical">
    <TextView
        android:id="@+id/title"
        android:layout_width="match_parent"
        android:layout_height="wrap_content"
        android:text="@string/title"
        android:textAlignment="center"
        android:textSize="24sp" />
    <ScrollView
        android:layout_width="match_parent"
        android:layout_height="match_parent"  >
        <TextView
            android:id="@+id/news_item_content_text_view"
            android:layout_width="match_parent"
            android:layout_height="wrap_content"
            android:lineSpacingExtra="2dp"
            android:text="@string/hello"
            android:textSize="22sp" />
    </ScrollView>
</LinearLayout>
```

可以在 Activity 中添加以下代码改变文本颜色：

```
TextView txt = (TextView) findViewById(R.id.title);
txt.setTextColor(Color.BLUE);
```

1.4.2 文本编辑框

文本编辑框（EditText）用于接收用户输入的文本信息内容。在 Android Studio 的设计工作区 Palette 面板上标注的是 Plain Text。

EditText 继承了 TextView 的主要方法。这里不再举例说明。

1.4.3 图像显示

图像显示（ImageView）用于显示图片或图标等图像资源，并提供图像缩放及着色（渲染）等图像处理功能。ImageView 的常用属性和对应方法以及它的 scaleType 属性值如表 1-8 和表 1-9 所示。

表 1-8 ImageView 的常用属性和对应方法

属性	对应方法	说明
android:maxHeight	setMaxHeight(int)	为显示的图像提供最大高度的可选参数
android:maxWidth	setMaxWidth(int)	为显示的图像提供最大宽度的可选参数
android:scaleType	setScaleType(ImageView.ScaleType)	控制图像使其适合 ImageView 大小的显示方式
android:src	setImageResource(int)	获取图像文件路径

scaleType 决定了图片在 View 上显示的样式，如对原图如何进行缩放，应该显示整体或显示局部。

表 1-9 ImageView 的 scaleType 属性值

scaleType 属性	属性值	说明
matrix	0	默认值，保持原图的大小，用矩阵来绘图
fitXY	1	拉伸图片以填充 View，不按比例拉伸
fitStart	2	按比例拉伸原图到 View 的高度，在 View 内左对齐
fitCenter	3	按比例拉伸原图到 View 的高度，在 View 内居中
fitEnd	4	按比例拉伸原图到 View 的高度，在 View 内右对齐
center	5	按原图大小显示图片于 View 中心，超过 View 的部分做裁剪处理
centerCrop	6	以填满整个 View 为目的，等比例放大原图，超过 View 的部分做裁剪处理，比较常用
centerInside	7	以完全显示原图为目的，居中显示，可按比例缩小原图

1.4.4 按钮

按钮（Button）是常用组件，用于处理人机交互，主要监听并处理 Button 的点击事件。Button 是 TextView 的子类，继承了 TextView 所有的方法和属性。

【例 1-8】制作登录界面。

布局类型为 LinearLayout（线性布局），在界面里面放置账号和密码的文本编辑框，并添加文字提示，再添加一个“登录”按钮。图 1-18 展示了布局的组件层级关系、关键属性值和界面效果。

例 1-8　演示视频

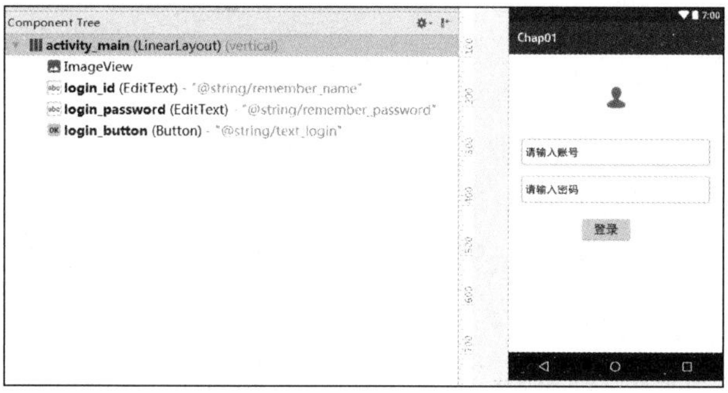

图 1-18　布局的组件层级关系、关键属性值和界面效果

（1）打开 res/values 下的 strings.xml，添加 3 个元素。

strings.xml 的部分源代码如下：

```
<string name="remember_name">请输入账号</string>
<string name="remember_password">请输入密码</string>
<string name="text_login">登录</string>
```

例 1-8 strings.xml 部分源代码

（2）设计界面布局文件。

布局文件 login.xml 的源代码如下：

```
<?xml version="1.0" encoding="utf-8"?>
<LinearLayout xmlns:android="http://schemas.android.com/apk/res/android"
    xmlns:tools="http://schemas.android.com/tools"
    android:id="@+id/activity_main"
    android:layout_width="match_parent"
    android:layout_height="match_parent"
    android:orientation="vertical">
    <ImageView
        android:layout_width="48dp"
        android:layout_height="48dp"
        android:src="@drawable/login_man"
        android:layout_gravity="center_horizontal"
        android:layout_marginTop="48dp"/>
    <EditText
        android:id="@+id/login_id"
        android:layout_width="320dp"
        android:layout_height="48dp"
```

```
        android:layout_gravity="center_horizontal"
        android:layout_marginTop="48dp"
        android:background="@drawable/login_div_bg"
        android:paddingLeft="8dp"
        android:hint="@string/remember_name" />
    <EditText
        android:id="@+id/login_password"
        android:layout_width="320dp"
        android:layout_height="48dp"
        android:layout_gravity="center_horizontal"
        android:layout_marginTop="16dp"
        android:background="@drawable/login_div_bg"
        android:paddingLeft="8dp"
        android:hint="@string/remember_password" />
    <Button
        android:id="@+id/login_button"
        android:layout_width="wrap_content"
        android:layout_height="wrap_content"
        android:text="@string/text_login"
        android:textSize="20dp"
        android:layout_marginTop="20dp"
        android:layout_marginLeft="120dp"/>
</LinearLayout>
```

（3）在 Activity 中添加 Button 的事件处理。

事件处理的实现步骤：关联组件（如 Button）、设置组件的事件监听、在监听接口添加事件处理程序。

Button 常需要设置 OnClickListener 监听接口。当点击按钮时，通过 OnClickListener 接口触发 onClick 事件，实现用户需要的功能。OnClickListener 接口有一个 onClick()方法，实现接口时，一定要重写这个方法。

Activity 的事件处理在后续章节中讨论得比较多，是 Android 的重要内容。Android 的监听接口非常多，不同的组件（如 Button、ListView）有不同的监听接口。

控制文件 LoginActivity.xml 的源代码如下：

```
public class LoginActivity extends Activity implements View.OnClickListener
{
    Button btn;
    EditText login_id,login_password;
    @Override
```

```
    public void onCreate(Bundle savedInstanceState)
    {
        super.onCreate(savedInstanceState);
        setContentView(R.layout.login);
        login_id = (EditText) findViewById(R.id.login_id);
        login_password = (EditText) findViewById(R.id.login_password);
        btn = (Button) findViewById(R.id.login_button);
        btn.setOnClickListener(this);
    }
    @Override
    public void onClick(View v)
    {
        String  str = login_id.getText()+" "+login_password.getText();
        Toast.makeText(this,str,Toast.LENGTH_LONG).show();
    }
}
```

1.4.5　进度条

进度条（ProgressBar）能以形象的图示直观地显示某个过程的进度。ProgressBar 的常用属性和对应方法如表 1-10 所示。

表 1-10　ProgressBar 的常用属性和对应方法

属性	方法	功能
android:max	setMax(int max)	设置进度条的变化范围为 0～max
android:progress	setProgress(int progress)	设置进度条的当前值

【例 1-9】进度条应用示例。

在界面设计中加入进度条组件，如图 1-19 所示。

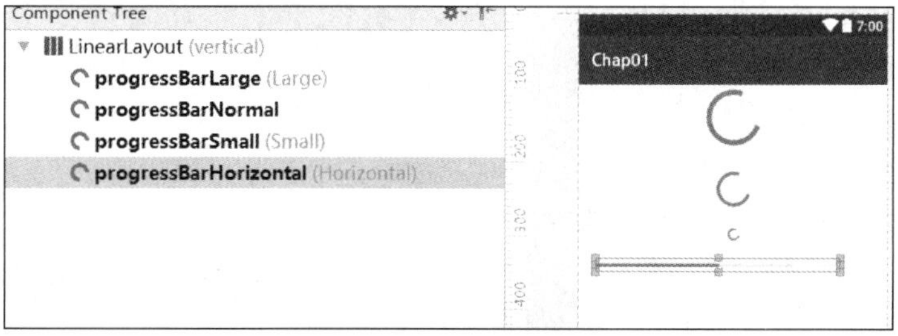

图 1-19　进度条应用示例

例 1-9　演示视频

布局文件 progressbar.xml 的源代码如下：

```
<?xml version="1.0" encoding="utf-8"?>
<LinearLayout
    xmlns:android="http://schemas.android.com/apk/res/android"
    android:layout_width="match_parent"
    android:layout_height="match_parent"
    android:orientation="vertical" >
    <ProgressBar
        android:id="@+id/progressBarLarge"
        style="?android:attr/progressBarStyleLarge"
        android:layout_width="match_parent"
        android:layout_height="wrap_content"/>
    <ProgressBar
        android:id="@+id/progressBarNormal"
        android:layout_width="match_parent"
        android:layout_height="wrap_content"
        android:layout_marginTop="20dp"/>
    <ProgressBar
        android:id="@+id/progressBarSmall"
        style="?android:attr/progressBarStyleSmall"
        android:layout_width="match_parent"
        android:layout_height="wrap_content"
        android:layout_marginTop="20dp"/>
    <ProgressBar
        android:id="@+id/progressBarHorizontal"
        style="?android:attr/progressBarStyleHorizontal"
        android:layout_width="286dp"
        android:layout_height="wrap_content"
        android:layout_marginTop="20dp"
        android:layout_marginLeft="20dp"
        android:max="100"
        android:progress="50"
        android:secondaryProgress="80" />
    <!--注: max 指最大进度值; progress 指第一进度值, 如播放进度; secondaryProgress
                                                    指第二进度值, 如缓冲进度 -->
</LinearLayout>
```

1.4.6 单选组件与单选按钮

单选组件（RadioGroup）用于多项选择中只允许任选其中一项的情形，它由一组单选按钮（RadioButton）组成。RadioButton 的常用方法如表 1-11 所示。

表 1-11　RadioButton 的常用方法

方法	功能
isChecked()	判断单选按钮是否被选中
getText()	获取单选按钮的文本内容

1.4.7　复选框

复选框（CheckBox）用于多项选择的情形，用户可以一次性选择多个选项。CheckBox 是 Button 的子类，其属性与方法继承于 Button。CheckBox 的常用方法如表 1-12 所示。

表 1-12　CheckBox 的常用方法

方法	功能
isChecked()	判断复选框是否被选中
getText()	获取复选框的文本内容

【例 1-10】单选按钮与复选框应用示例。

在界面设计中，安排一个单选按钮组和 3 个复选框，如图 1-20 所示。

例 1-10　演示视频

图 1-20　单选按钮与复选框应用示例

布局文件 radiocheckbox.xml 的源代码如下：

```
<?xml version="1.0" encoding="utf-8"?>
<LinearLayout xmlns:android="http://schemas.android.com/apk/res/android"
    xmlns:tools="http://schemas.android.com/tools"
    android:layout_width="match_parent"
    android:layout_height="match_parent"
    android:padding="10dp"
    android:orientation="vertical">
    <TextView
```

```
        android:layout_width="wrap_content"
        android:layout_height="wrap_content"
        android:text="请选择 Android 的开发语言是什么？"
        android:textSize="16sp" />

    <RadioGroup
        android:layout_width="match_parent"
        android:layout_height="wrap_content"
        android:orientation="horizontal"
        android:id="@+id/rg">
        <RadioButton
            android:layout_width="wrap_content"
            android:layout_height="wrap_content"
            android:text="C++"
            android:id="@+id/rb1"
            android:layout_marginRight="30dp"
            android:checked="true"/>
        <RadioButton
            android:layout_width="wrap_content"
            android:layout_height="wrap_content"
            android:text="Python"
            android:id="@+id/rb2"
            android:layout_marginRight="30dp"/>
        <RadioButton
            android:layout_width="wrap_content"
            android:layout_height="wrap_content"
            android:text="Java"
            android:id="@+id/rb3"
            android:layout_marginRight="30dp"/>
  </RadioGroup>

    <TextView
        android:layout_width="wrap_content"
        android:layout_height="wrap_content"
        android:text="Android 开发的前置课程有哪些？"
        android:textSize="16sp" />
    <CheckBox
```

```
        android:layout_width="wrap_content"
        android:layout_height="wrap_content"
        android:text="Java 基础编程"
        android:checked="true"
        android:id="@+id/cb_jc" />
    <CheckBox
        android:layout_width="wrap_content"
        android:layout_height="wrap_content"
        android:text="Java 网络编程"
        android:checked="true"
        android:id="@+id/cb_wb" />
    <CheckBox
        android:layout_width="wrap_content"
        android:layout_height="wrap_content"
        android:text="MySQL 数据库基础"
        android:id="@+id/cb_sq"
        android:checked="true"/>

</LinearLayout>
```

1.5 列表组件

1.5.1 列表

列表（ListView）是 Android 程序开发中经常用到的组件。该组件必须与适配器（Adapter）配合使用，由适配器提供显示样式和显示数据。

ListView 的常用方法如表 1-13 所示。

表 1-13 ListView 的常用方法

常用方法	说明
ListView(Context context)	构造方法
setAdapter(ListAdapter adapter)	设置提供数组选项的适配器
addHeaderView(View v)	设置列表项的头部
addFooterView(View v)	设置列表项的底部
setOnItemClickListener (AdapterView.OnItemClickListener listener)	注册点击选项时执行的方法，该方法继承于父类 android.widget.AdapterView

【例 1-11】简单列表示例，效果如图 1-21 所示。

例 1-11 演示视频

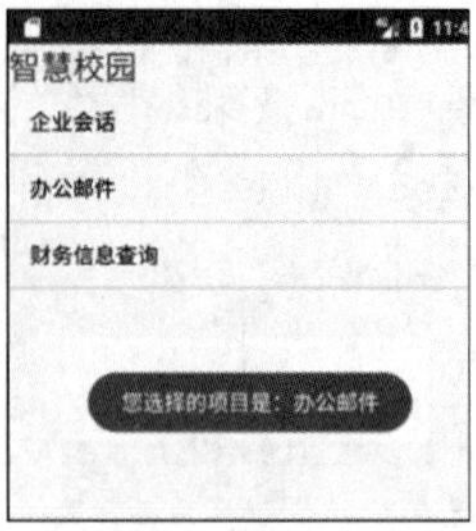

图 1-21 简单列表示例

程序设计步骤如下。

（1）在界面设计中设置一个文本框（TextView）和一个列表组件（ListView01），如图 1-22 所示。

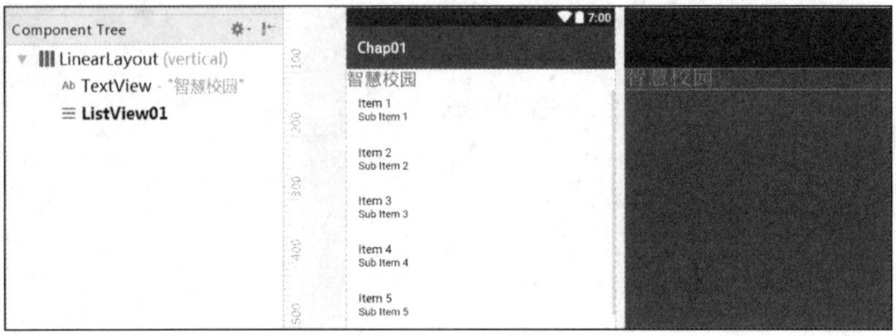

图 1-22 界面设计

布局文件 listview1.xml 的源代码如下：

```
<?xml version="1.0" encoding="utf-8"?>
<LinearLayout xmlns:android="http://schemas.android.com/apk/res/android"
    android:layout_width="fill_parent"
     android:layout_height="fill_parent"
     android:orientation="vertical" >
    <TextView
         android:layout_width="fill_parent"
         android:layout_height="wrap_content"
     android:text="智慧校园"
         android:textSize="24sp" />
   <ListView
     android:id="@+id/ListView01"
      android:layout_height="wrap_content"
      android:layout_width="fill_parent" />
  </LinearLayout>
```

说明：上述布局文件中声明了列表组件 ListView01。

（2）在 Activity 中获得相关组件实例，通过列表的选项事件调用 onItemClick()方法显示相应内容。

含事件处理的 ListView1Activity.java 的源代码如下：

```
public class ListView1Activity extends Activity implements OnItemClickListener
{
    ListView list;
    @Override
    public void onCreate(Bundle savedInstanceState)
    {
        super.onCreate(savedInstanceState);
        setContentView(R.layout.listview1);
        list= (ListView)findViewById(R.id.ListView01);
        //定义数组
        String[] data ={
                    "企业会话",
                    "办公邮件",
                    "财务信息查询",
        };
        //为列表组件设置数组适配器 ArrayAdapter
        list.setAdapter(new ArrayAdapter<String>(this,
                    android.R.layout.simple_list_item_1, data));
        //为列表组件设置列表选项监听器
        list.setOnItemClickListener(this);
    }
    //定义列表选项监听器的事件
        @Override
        public void onItemClick(AdapterView<?> arg0, View arg1, int arg2,
long arg3)
        {
            Toast.makeText(this,"您选择的项目是："
                    +((TextView)arg1).getText(),Toast.LENGTH_SHORT).show();
        }
}
```

说明如下。

- OnItemClickListener：一个接口，用于监听列表选项的触发事件。
- Toast.makeText().show()：用于显示消息提示框。

1.5.2 数组适配器

1.5.1 小节的代码使用了数组适配器（ArrayAdapter）来装配数据。要装配一批数据，就需要连接 ListView（View 对象）和 ArrayAdapter 来适配工作。

ArrayAdapter 的构造方法需要 3 个参数，依次为 this、ListItem 布局文件（注意这里描述的是列表每一行的布局）、数据源（一个数组集合），再调用 setAdapter()完成适配的最后工作。

Android 系统内置了多种 ListItem 布局方式。

- android.R.layout.simple_list_item_1：一行 text。
- android.R.layout.simple_list_item_2：一行 title，一行 text。
- android.R.layout.simple_list_item_single_choice：单选项。
- android.R.layout.simple_list_item_multiple_choice：多选项。

很多时候，应用程序不仅要显示列表，还需要和列表进行一些互动，例如，点击列表的某一项就会触发一些动作。

第一种：

```
OnItemClickListener listener; //点击某一项时调用
public void onItemClick(AdapterView parent, View view, int position, long id);
```

第二种：

```
OnItemSelectedListener itemSelectedListener; //选中某一项时调用
public void onItemSelected(AdapterView parent,View arg1, int position, long
                            arg3);
```

在 1.4.4 小节的介绍中我们看到，Button 采取的是注册 OnClickListener 的方式，这里的程序同样给 ListView 注册了一个 OnItemClickListener，在点击列表的某一项后，即可将选项的文字显示到弹出的消息提示框。

1.5.3 使用 ListActivity 类改写程序

ListActivity 类和只包含一个 ListView 组件的普通 Activity 没有太大的区别，都实现了一些封装并做了很多优化，便于显示列表信息。

例 1-12 演示视频

ListActivity 类继承于 Activity，默认绑定了一个 ListView 组件，并提供一些与 ListView 处理相关的操作。常用的方法为 getListView()，该方法返回绑定的 ListView 组件。

【例 1-12】使用 ListActivity 类改写例 1-11 中的程序。

程序设计步骤如下。

（1）先设计布局文件 listview2.xml，里面只放置一个 ListView 组件，如图 1-23 所示。

布局文件 listview2.xml 的源代码如下：

```
<?xml version="1.0" encoding="utf-8"?>
 <LinearLayout xmlns:android="http://schemas.android.com/apk/res/android"
  android:layout_width="fill_parent"
  android:layout_height="fill_parent"
```

```
 android:orientation="vertical" >
 <ListView
 android:id="@android:id/list"
 android:layout_height="wrap_content"
 android:layout_width="fill_parent" />
</LinearLayout>
```

说明：布局文件中的 ListView 组件 ID 应设为“@android:id/list”。

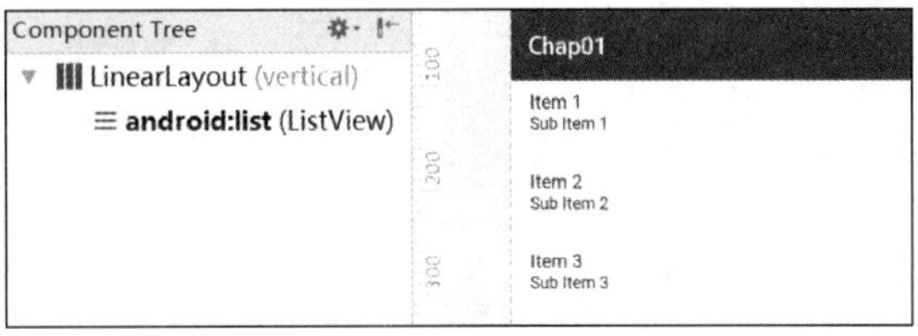

图 1-23 ListView 组件

（2）在 Activity 中获得相关组件实例，通过列表的选项事件调用 onItemClick()方法显示相应内容。注意此处声明的类继承的是 ListActivity，而不是 Activity。

含事件处理的 ListView2Activity.java 的源代码如下：

```
public class ListView2Activity extends ListActivity implements
                                                    OnItemClickListener
{
    @Override
    public void onCreate(Bundle savedInstanceState)
    {
        super.onCreate(savedInstanceState);
        setContentView(R.layout.listview2);
        //定义数组
        String[] data ={
                    "企业会话",
                    "办公邮件",
                    "财务信息查询",
        };
        //获取列表项
        ListView list=getListView();
        //设置列表项的头部
        TextView header=new TextView(this);
        header.setText("智慧校园");
        header.setTextSize(24);
        list.addHeaderView(header);
```

```
        //设置列表项的底部
        TextView foot=new TextView(this);
        foot.setText("请选择");
        foot.setTextSize(24);
        list.addFooterView(foot);
        setListAdapter(new ArrayAdapter<String>(this,
                android.R.layout.simple_list_item_1, data));
        list.setOnItemClickListener(this);
    }
    //定义列表选项监听器
    @Override
    public void onItemClick(AdapterView<?> arg0, View arg1, int arg2, long arg3)
    {
        Toast.makeText(getApplicationContext(),
                "您选择的项目是："+((TextView)arg1).getText(),
                Toast.LENGTH_SHORT).show();
    }
}
```

1.5.4　带图片的列表：定制的列表布局

1.5.1 小节的案例只显示文字，如果要放置图片到列表中，就需要定制一个合适的布局来显示每一行的文字和图片。

带图片的列表应该采用定制的列表布局，配合该布局的数据适配器应该采用 SimpleAdapter 适配器。SimpleAdapter 扩展性很好，可以设置 ImageView、Button、CheckBox 等。

例 1-13　演示视频

【例 1-13】实现一个带有图片的列表示例，效果如图 1-24 所示。

程序设计步骤如下。

（1）定义一个用来显示每一行内容的布局文件 vlist3.xml，布局定义如图 1-25 所示。

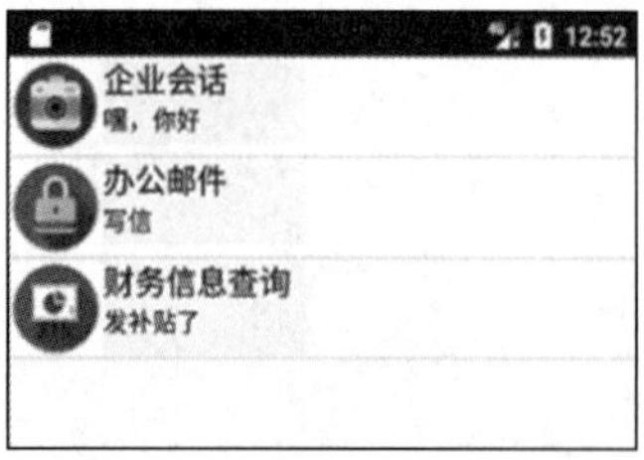

图 1-24　带有图片的列表示例

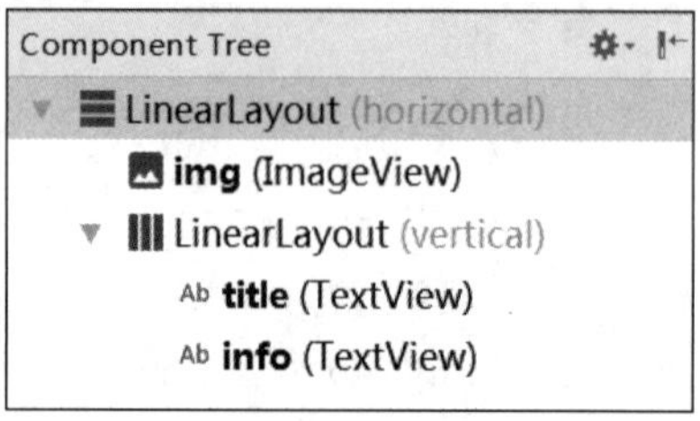

图 1-25　布局组件层级关系

布局文件 vlist3.xml 的源代码如下：

```xml
<?xml version="1.0" encoding="utf-8"?>
<LinearLayout xmlns:android="http://schemas.android.com/apk/res/android"
    android:layout_width="fill_parent"
    android:layout_height="fill_parent"
    android:orientation="horizontal" >

    <ImageView
        android:id="@+id/img"
        android:layout_width="wrap_content"
        android:layout_height="wrap_content"
        android:layout_margin="5px"/>

    <LinearLayout
        android:orientation="vertical"
        android:layout_width="wrap_content"
        android:layout_height="wrap_content">

        <TextView
            android:id="@+id/title"
            android:layout_width="wrap_content"
            android:layout_height="wrap_content"
            android:textSize="18dp" />

        <TextView android:id="@+id/info"
            android:layout_width="wrap_content"
            android:layout_height="wrap_content"
            android:textSize="14dp" />

    </LinearLayout>

</LinearLayout>
```

（2）在 Activity 中获得相关组件实例。SimpleAdapter 使用的数据一般都是 HashMap 构成的列表（List），列表里面的一个元素（Map）对应 ListView 的一行。

新建一个 SimpleAdapter 对象，在 new SimpleAdapter(context, data, resource, from, to) 语法中需要以下 5 个参数。

（1）context：上下文，本案例使用 this。

（2）data：需要展示的数据源，是由 HashMap 构成的列表，每个 Map 对应 ListView 中的一行，每个 Map 中的键名必须包含在 from 中所指定的键，本案例使用 getData()返回的 List 数据。

（3）resource：行布局文件，本案例使用行布局文件 vlist3.xml。

（4）from：Map 中的键名，本案例使用 HashMap 的键名（title、info 和 img）。

（5）to：绑定数据视图的 ID，与 from 对应，本案例使用 R 的 ID（title、info 和 img）。

定制列表布局 ListView3Activity.java 的源代码如下：

```
public class ListView3Activity extends ListActivity {
    @Override
    public void onCreate(Bundle savedInstanceState) {
        super.onCreate(savedInstanceState);

        SimpleAdapter adapter = new SimpleAdapter(this,getData(),
                R.layout.vlist3,
                new String[]{"title","info","img"},
                new int[]{R.id.title,R.id.info,R.id.img});
        setListAdapter(adapter);
    }
    private List<Map<String, Object>> getData() {
       //定义数组
       String[] title ={
               "企业会话",
               "办公邮件",
               "财务信息查询",
       };
       String[] info ={
               "嘿，你好",
               "写信",
               "发补贴了",
       };
       //定义数组
       int[] imageId ={
               R.drawable.icon1,
               R.drawable.icon2,
               R.drawable.icon3
       };
       List<Map<String,Object>> listItems=
new ArrayList<Map<String,Object>>();
```

```
        //通过 for 循环将图片 ID 和列表项文字放到 Map 中，并添加到 List 集合中
        for(int i=0;i<title.length;i++) {
            Map<String,Object> map=new HashMap<String,Object>();
            map.put("title", title[i]);
            map.put("info", info[i]);
            map.put("img", imageId[i]);
            listItems.add(map);
        }
        return list;
    }
}
```

下面补充一种常用做法，可直接调用 Android 系统内置的布局。

定制的布局需要提前做列表行设计，如果不想定制，只想简单输出 title 和 info 信息，可以直接调用系统内置的布局 android.R.layout.simple_list_item_2。将上面程序中 adapter 的赋值做以下修改：

```
SimpleAdapter adapter = new SimpleAdapter(this,getData(),
        android.R.layout.simple_list_item_2,
        new String[]{"title","info"},
        new int[]{android.R.id.text1, android.R.id.text2});
```

重新运行程序，即可在列表行看到 title 和 info 信息，而没有小图片。

1.5.5 没有数据的列表

有时候列表中还没来得及放入数据，因此没有数据可以显示，这时候应该显示一句提示“对不起，没有数据显示”，运行效果如图 1-26 所示。

图 1-26　没有数据的列表示例

例 1-14　演示视频

【例 1-14】没有数据的列表。

程序设计步骤：先设计布局文件 vlist4.xml，再编写控制文件 ListView4Activity.java。

布局文件 vlist4.xml 的源代码如下：

```
<?xml version="1.0" encoding="utf-8"?>
<LinearLayout xmlns:android="http://schemas.android.com/apk/res/android"
    android:layout_width="wrap_content"
    android:layout_height="wrap_content"
    android:orientation="horizontal">
    <ListView
        android:id="@id/android:list"
        android:layout_width="fill_parent"
```

```
        android:layout_height="fill_parent" />
    <TextView
        android:id="@id/android:empty"
        android:layout_width="wrap_content"
        android:layout_height="wrap_content"
        android:text="对不起，没有数据显示"
        android:textSize="24sp" />
</LinearLayout>
```

说明：ListActivity 要调用的布局文件中的 ListView 组件下方，加入了 TextView 组件，其 ID 应设为“@id/android: empty”，这很重要。

控制文件 ListView4Activity.java 的源代码如下：

```
public class ListView4Activity extends ListActivity {
    private String[] data;
    public void onCreate(Bundle savedInstanceState) {
        super.onCreate(savedInstanceState);
        //data = new String[]{"测试数据 1", "测试数据 2", "测试数据 3", "测试数
                            据 4", "测试数据 5"};
        setContentView(R.layout.vlist4);
        setListAdapter(new ArrayAdapter<String>(this,
                android.R.layout.simple_list_item_1, data));
    }
     protected void onListItemClick(ListView listView, View v, int position,
long id) {
        super.onListItemClick(listView, v, position, id);
        setTitle(listView.getItemAtPosition(position).toString());
     }
}
```

例 1-15 演示视频

【例 1-15】 完善例 1-13 的程序。

我们也可以用本小节的方法来完善例 1-13 的 ListView3Activity.java，这时候，控制程序要同时使用两个布局文件：vlist3.xml 和 vlist4.xml。

控制文件 ListView5Activity.java 的源代码如下：

```
public class ListView5Activity extends ListActivity {
    public void onCreate(Bundle savedInstanceState) {
        super.onCreate(savedInstanceState);
        setContentView(R.layout.vlist4);    //使用布局文件 vlist4.xml
        setui();
    }
    private void setui() {
```

```
    SimpleAdapter adapter = new SimpleAdapter(this,getData(),R.layout.vlist3,
                                                //使用布局文件 vlist3.xml
            new String[]{"title","info","img"},
            new int[]{R.id.title,R.id.info,R.id.img});
        setListAdapter(adapter);
    }

    private List<Map<String, Object>> getData() {
        List<Map<String, Object>> list = new ArrayList<Map<String, Object>>();
            return list;//使用空列表测试程序
        }
}
```

1.6 实战演练——生肖背后的故事

第 1 章　实战演练

设计 3 个布局文件，将十二生肖放到一个下拉列表（Spinner）中，不限布局方式，效果如图 1-27 所示。界面的跳转会在第 2 章中介绍，这里只要求实现布局效果。

图 1-27　实战演练

提示 1：布局文件中 Spinner 组件的关键属性如下：

```
<Spinner
    android:id="@+id/spinner"
    android:entries="@array/shengxiao" />
```

提示 2：Spinner 的数据来源 array.xml 的源代码如下：

```
<?xml version="1.0" encoding="utf-8"?>
<resources>
    <string-array name="shengxiao">
        <item>鼠</item>
```

```
            <item>牛</item>
            <item>虎</item>
            <item>兔</item>
            <item>龙</item>
            <item>蛇</item>
            <item>马</item>
            <item>羊</item>
            <item>猴</item>
            <item>鸡</item>
            <item>狗</item>
            <item>猪</item>
        </string-array>
    </resources>
```

思维导图

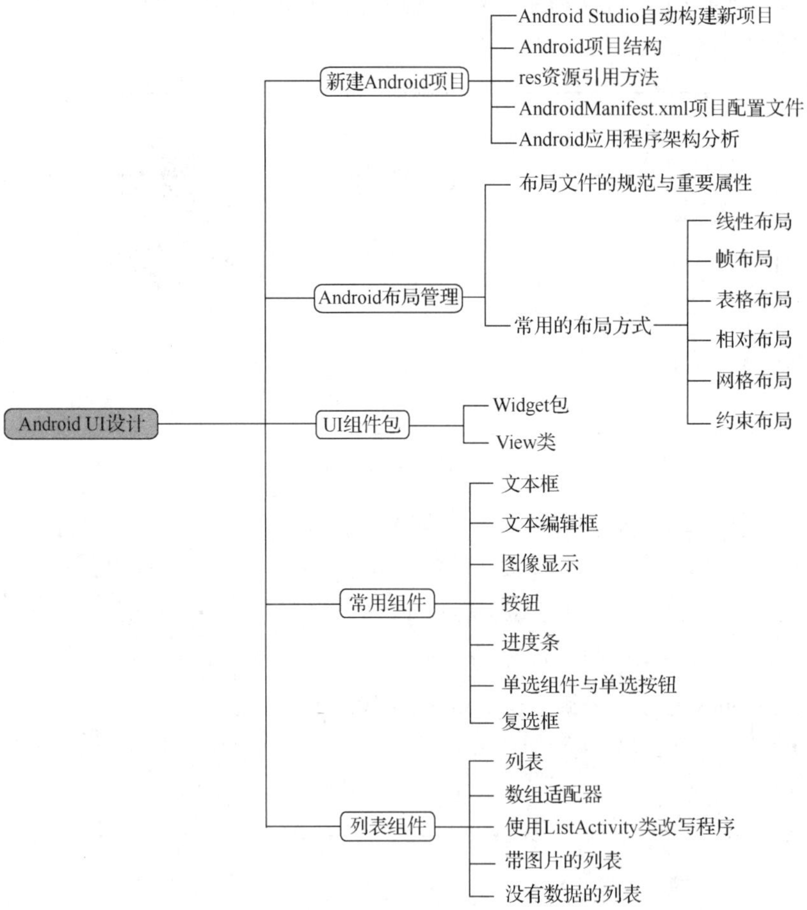

本章小结

- Android Studio 能自动构建项目，项目的结构中主要的 3 个部分如下。

① manifests：存储项目的配置信息文件。

② java：存储源代码和测试代码。

③ res：资源目录，用于存储项目所需的资源。

- Android 应用程序由松散耦合的组件组成，并使用 manifests 绑定到一起，通过 AndroidManifest.xml 描述应用程序的包名、标识、组件、外部库及权限等。

- Android 系统应用程序的设计采用 MVC 模式，把应用程序分为业务模型层、表现层、控制层。按照这种模式，表现层和控制层是分开设计的。表现层为界面布局。

- 界面设计中设置组件前需要先确定布局方式，常用布局方式有 LinearLayout、FrameLayout、TableLayout、RelativeLayout、GridLayout、ConstraintLayout 这 6 种。

- Android 提供了丰富的界面组件，View 类是界面组件的共同父类，几乎所有的界面组件都继承 View 类，如文本框（TextView）、按钮（Button）、文本编辑框（EditText）等。View 的属性可以在布局文件中设置，也可以在 Java 代码中随时设置。

- 列表组件（ListView）是常用组件，必须与适配器（Adpater）配合使用，由 Adpater 提供显示样式和显示数据。常用的数组适配器（ArrayAdapter）就可直接装配一组数据到 ListView。

- 带图片的列表，也就是定制的列表布局，主要是指定制一个行布局来显示每一行的文字和图片，还可以添加 Button、复选框（Checkbox）等到行布局中。适配器可使用 SimpleAdapter。

第 2 章　Activity 与多个 UI

第 2 章　本章知识

学习目标

- 熟悉 Activity 程序的框架
- 熟悉界面组件的事件处理
- 掌握 Activity 之间的跳转和数据传递
- 掌握消息提示类和消息对话框的使用方法
- 熟悉菜单的设计过程

在 Android 系统中，用户与程序的交互是通过 Activity 完成的，Activity 负责管理应用程序的 UI。本章将通过 6 个案例对 Activity 的相关知识进行讲解，包括 Activity 的生命周期和启动模式、Intent 的使用，以及 Activity 之间的数据传递等。在应用程序中，凡是有界面的地方，就会使用 Activity。

2.1　什么是 Activity

Activity 继承自 Context。启动 Activity 和 Service、发送广播、获取系统服务等，都需要 Context。Context 字面意思为上下文或者场景，如打电话这个场景包括电话程序的界面，以及隐藏在背后的数据。Context 体现用户与 Android 系统之间的交互过程。

每个 Activity 都有一个窗口，窗口中绘制了程序的 UI。这个窗口通常会占满整个屏幕，也可以比屏幕小，或者悬浮在其他窗口上。一个程序一般会有多个 Activity，并结合在一起。每个 Activity 为了执行不同的操作都能跳转到下一个 Activity。每个 Activity 都必须注册。

Activity 是用栈进行管理的，当跳转到一个新的 Activity 后，此 Activity 将被加入 Activity 栈顶，之前的 Activity 位于此 Activity 栈的底部。Activity 一般意义上有以下 4 种状态。

（1）Activity 位于栈顶，此时 Activity 正好处于屏幕最前方，处于**运行状态**。

（2）Activity 失去了焦点但仍然对用户可见（如栈顶的 Activity 是透明的，或者栈顶 Activity 并不铺满整个手机屏幕），此时 Activity 处于**暂停状态**。

（3）Activity 被其他 Activity 完全遮挡，此时 Activity 对用户不可见，处于**停止状态**。

（4）Activity 由于人为或系统原因（如低内存等）被销毁，此时 Activity 处于**销毁状态**。

在每个不同的状态阶段，系统对 Activity 内相应的方法进行了回调。因此，我们在程序中编写 Activity 代码时，一般都会继承 Activity 类并重写相应的回调方法。

图 2-1 详细给出了 Activity 整个生命周期的过程，以及不同的状态阶段相应的回调方法。需要注意以下几点。

（1）Activity 实例是由系统自动创建的，并在不同的状态阶段回调相应的方法。一个简单、完整的 Activity 生命周期会按照如下顺序回调相应的方法：onCreate()→onStart()→onResume()→onPause()→onStop()→onDestroy()。

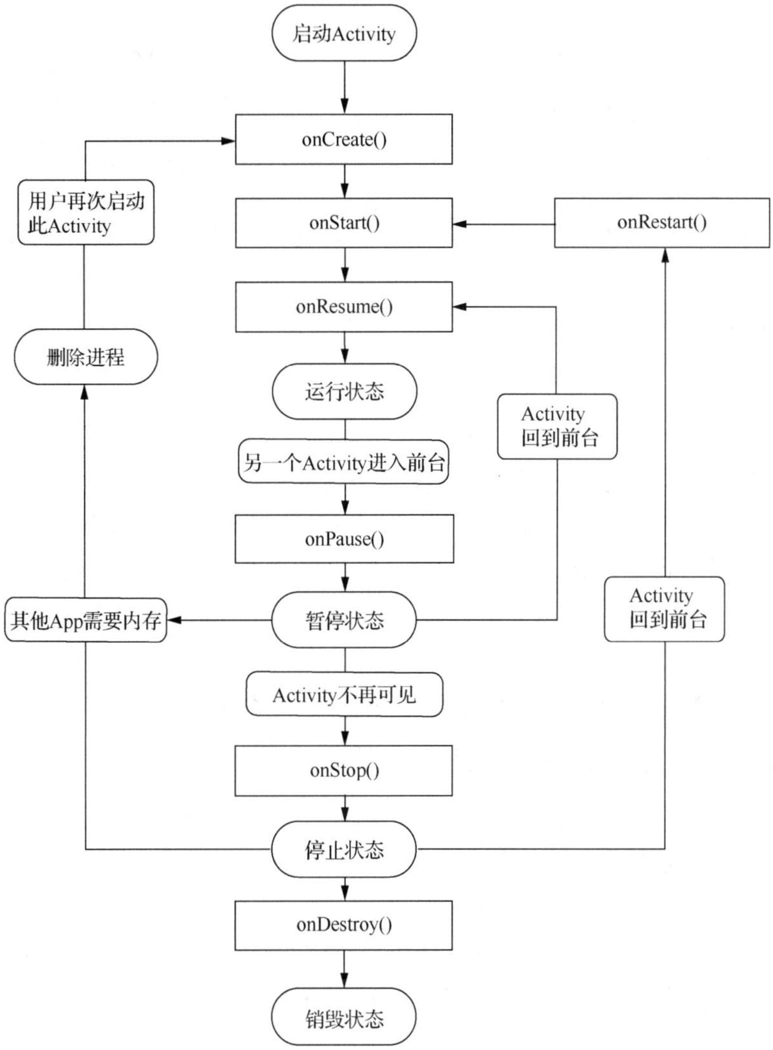

图 2-1　Activity 生命周期

（2）当执行到 onStart()回调方法时，Activity 开始对用户可见（也就是说，执行 onCreate()方法时用户是看不到此 Activity 的，用户看到的是此 Activity 之前的那个 Activity），一直到执行 onStop()方法之前，此阶段的 Activity 都是对用户可见的。

（3）当执行到 onResume()回调方法时，Activity 可以响应用户交互，一直到执行 onPause()方法之前。

2.1.1 启动 Activity 要素

Activity 在使用之前，需要在 AndroidManifest 文件中注册。

使用 Android SDK 工具创建新的应用程序，会自动创建 Activity 的意图过滤器，默认情况如下：

```
<activity android:name=".MainActivity" android:icon="@drawable/app_icon">
    <intent-filter>
        <action android:name="android.intent.action.MAIN" />
        <category android:name="android.intent.category.LAUNCHER" />
    </intent-filter>
</activity>
```

<action>用来指定 Activity 的主入口行为，<category>用来指定允许用户在应用程序中启动该 Activity。

android:name 属性是唯一的必需属性，它用来指定 Activity 的类名。一旦用户发布了程序，就不能更改这个类名了。

2.1.2 Activity 与布局之间的关系

通常，Activity 具体显示什么是由布局文件中设置的内容来决定的。布局文件是用 XML 编写的。例如，RelativeLayout 是相对布局，这个布局中可以放很多组件，这些组件按照相对位置来进行摆放。再如，TextView 有宽度、高度、文本颜色、背景颜色等属性。

在 Activity 的 onCreate()方法中调用 setContentView()方法来指定 Activity 显示的内容，也就是布局文件。

这种分工把设计 UI 和编写 Activity 代码这两项工作很好地划分开。

2.1.3 Activity 与 View 之间的关系

Activity 用于向用户展示一个界面，而界面通常是由一组 View 子类的对象组成的。这些对象按照层次结构组织在一起，每个对象都能够控制一个特定的矩形空间，能够接收和响应用户的交互操作；这些对象的属性可以被动态修改。

只要在 Activity 中调用 findViewById()方法就可以获取组件的对象，再通过这个对象去设置组件的属性，包括文字内容、颜色等，从而修改 Layout 布局。

2.2 创建新的 Activity

【例 2-1】从 Activity 跳转到另一个 Activity 示例。

首先创建项目 Chap02，项目中要建立两个界面布局文件及两个控制文件，第一个界面的布局文件为 activity_main.xml、控制文件为 MainActivity.java，第二个界面的布局文件为 activity_second.xml、控制文件为 SecondActivity.java。然后检查一下配置文件 AndroidManifest.xml 中 Activity 的注册情况。

运行情况如图 2-2 所示。

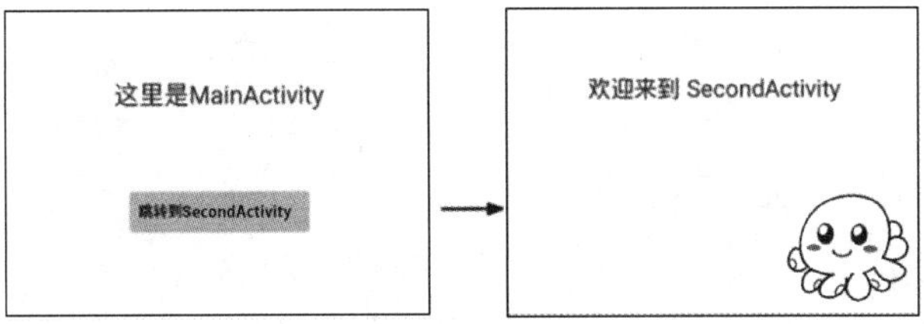

图 2-2　从一个 Activity 跳转到另一个 Activity

例 2-1　演示视频

下面分步骤完成该示例。

（1）创建新的项目 Chap02，按系统提示创建第一个 Activity 程序 MainActivity.java 和布局文件 activity_main.xml。

（2）在创建布局文件时，在主界面中添加一个按钮，用于跳转到另一个 Activity，如图 2-3 所示。

例 2-1　布局文件 activity_main.xml 源代码

图 2-3　布局的组件、属性和效果

（3）选择“File”→“New”→“Activity”→“Empty Activity”命令，创建第二个 Activity 程序 SecondActivity.java，创建过程如图 2-4 所示。

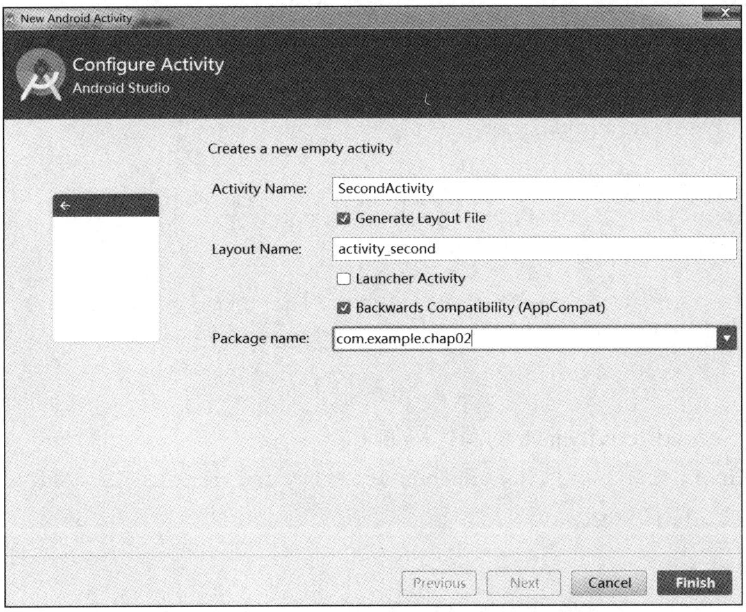

图 2-4　创建第二个 Activity 程序

（4）查看系统在 AndroidManifest.xml 文件中自动添加的<activity>...</activity>标签，内容如下：

```
    <application
......
        <activity android:name="com.example.chap02.SecondActivity"></activity>
    </application>
```

（5）在成功创建 SecondActivity 后，修改一下系统自动创建的第二个布局文件 activity_second.xml，如图 2-5 所示。

例 2-1　布局文件 activity_second.xml 源代码

图 2-5　布局的组件、属性和效果

（6）再次修改主控制文件 MainActivity.java，添加事件处理。按钮需要设置 OnClickListener 监听接口，该接口有一个 onClick()方法，实现接口时一定要重写这个方法。

主控制文件 MainActivity.java 的源代码如下：

```java
public class MainActivity extends Activity implements View.OnClickListener{
    Button btn;
    @Override
    public void onCreate(Bundle savedInstanceState) {
        super.onCreate(savedInstanceState);
        setContentView(R.layout.activity_main);
        btn=(Button)findViewById(R.id.btn);
        btn.setOnClickListener(this);
    }
    public void onClick(View view)
    {
        startActivity(new Intent(this, SecondActivity.class));
    }
}
```

控制文件 SecondActivity.java 的源代码如下：

```java
public class SecondActivity extends Activity implements View.OnClickListener{
    Button btn;
    @Override
    public void onCreate(Bundle savedInstanceState) {
```

```
        super.onCreate(savedInstanceState);
        setContentView(R.layout.activity_Second);
    }}
```

本案例中使用了 Intent 组件，接下来我们就介绍 Intent 的相关知识。

2.3 Intent 介绍

在 Android 系统中，每个 App 通常由多个界面组成，一个界面就是一个 Activity，在这些界面之间进行跳转，实际上就是在 Activity 之间进行跳转。跳转需要用到 Intent 组件，通过 Intent 可以开启新的 Activity 来实现界面跳转。

Intent 又称为意图，是程序中各组件进行交互的一种重要方式，它不仅可以指定当前组件要执行的动作，还可以在不同组件之间进行数据传递，一般用于启动 Activity、Service，以及发送广播等（Service 和广播将在后续章节讲解）。根据开启目标组件的方式不同，Intent 分为两种类型：显式 Intent 和隐式 Intent，接下来分别针对这两种类型的 Intent 进行讲解。

2.3.1 显式 Intent

显式 Intent 可以直接通过名称开启指定的目标组件，通过其构造方法 Intent(Context packageContext, Class<?> class)来实现。

- 第 1 个参数 Context 表示当前的 Activity 对象，这里使用 this 即可。
- 第 2 个参数 Class 表示要启动的目标 Activity。

通过构造方法创建一个 Intent 对象，然后将该对象传递给 Activity 的 startActivity()方法，即可启动目标组件。示例代码如下：

```
Intent intent = new Intent(this, Activity02.class);      // 创建 Intent 对象
startActivity(intent);                                    // 开启 Activity02
```

Android 系统一般通过一个已经启动的 Activity 对象，调用其 startActivity()或 startActivityForResult()方法来启动另一个 Activity，这个过程中传递的参数就是一个显式 Intent 对象。

2.3.2 隐式 Intent

隐式 Intent 相比显式 Intent 来说更为抽象，它不是明确指定要开启哪个目标组件，而是指定 action 和 category 等属性信息，系统根据这些信息进行分析，然后寻找目标组件。各种系统功能的调用，如调用通讯录、查看通话记录、发短信、发邮件、搜索内容等，就适合采用隐式 Intent 来实现。示例代码如下：

```
Uri uri =Uri.parse("http://www.baidu.com");
Intent it = new Intent(Intent.ACTION_VIEW,uri);
startActivity (it);
```

上述代码中只指定了 action，并没有指定 category，参见 4.2.2 小节。

2.3.3 Activity 之间的跳转

Intent 组件是一种 Android 系统的运行时的绑定机制。在 Android 的应用程序中，不管是界面切换，传递数据，还是调用外部程序，都可能要用到 Intent。

Intent 负责对应用程序中某次操作的动作、动作涉及的数据、附加数据进行描述，Android 则根据此 Intent 的描述找到对应的组件，将 Intent 传递给需要调用的组件，并完成组件的调用。因此可以将 Intent 理解为不同组件之间通信的“媒介”，它专门提供组件互相调用的相关信息。

Intent 的属性有动作（Action）、数据（Data）、分类（Category）、类型（Type）、组件（Component）和扩展（Extra），其中较为常用的是 Action 属性。

示例如下。

- Intent.ACTION_MAIN：应用程序入口。
- Intent.ACTION_SEND：发送短信、发送邮件等。
- Intent.ACTION_VIEW：显示数据给用户，如浏览网页、显示应用等。
- Intent.ACTION_WEB_SEARCH：搜索内容。
- Intent.ACTION_DIAL：拨打电话。
- Intent.ACTION_PICK：打开联系人列表。

2.4 Bundle 类及应用 Intent 传递数据

2.4.1 Bundle 类

Bundle 类是用于为字符串与某组件对象建立映射关系的组件。它与 Intent 配合使用，可在不同的 Activity 之间传递数据。Bundle 类的常用方法如下。

（1）putString(String key,String value)：把字符串用键值对的形式存放到 Bundle 对象中。

（2）remove(String key)：移除指定的 key。

（3）getString(String key)：获取指定的 key。

2.4.2 应用 Intent 在不同的 Activity 之间传递数据

下面说明应用 Intent 与 Bundle 从一个 Activity 传递数据到另一个 Activity 的方法。

1. 第一个 Activity

（1）创建 Intent 对象和 Bundle 对象。

```
Intent intent = new Intent();
Bundle bundle = new Bundle();
```

（2）为 Intent 指定要跳转的界面，并用 Bundle 存放键值对数据。

```
intent.setClass(MainActivity.this,secondActivity.class);
bundle.putString("标记1","要传递的消息内容");
```

（3）将 Bundle 对象传递给 Intent。

```
intent.putExtras(bundle);
```

2. 第二个 Activity

（1）从 Intent 中获取 Bundle 对象。

```
Bundle bb = this.getIntent().getString().getExtras();
```

（2）从 Bundle 对象中按键值对的键名获取对应的数据值。

```
String str = bb.getString("标记 1");
```

在不同的 Activity 之间传递数据的过程如图 2-6 所示。

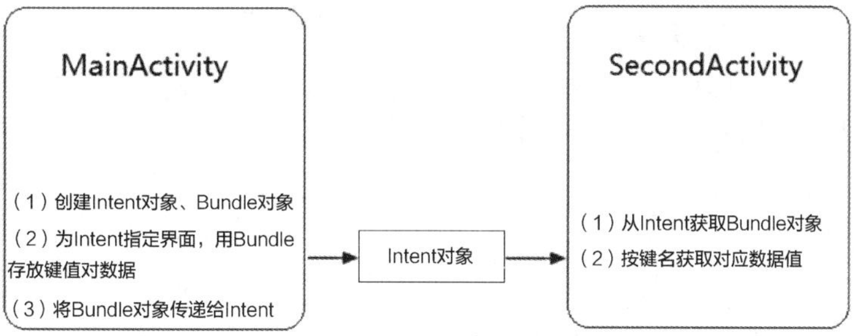

图 2-6　应用 Intent 在不同的 Activity 之间传递数据

不使用 Bundle 对象，Intent 一样可以保存数据，并传递到另一个 Activity。但使用 Bundle 与 Intent，会使得程序的逻辑更加清晰。

例 2-2　演示视频

【例 2-2】传递数据到第二个 Activity 示例。

（1）在例 2-1 的界面布局文件 activity_main.xml 中添加一个文本编辑框。布局的组件和属性如图 2-7 所示。

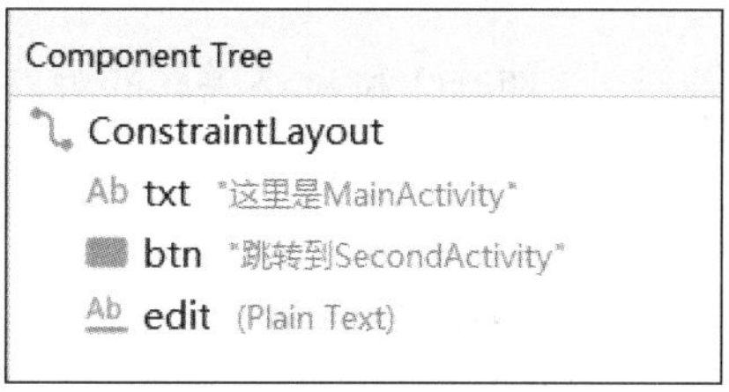

图 2-7　布局的组件和属性

例 2-2　布局文件 activity_main.xml 源代码

（2）修改例 2-1 的 MainActivity.java，添加文本编辑框关联的对象，在用户点击按钮时，获取文本编辑框的数据，并传递给第二个 Activity。

控制文件 MainActivity.java 的源代码如下：

```
public class MainActivity extends Activity implements View.OnClickListener{
    Button btn;
    EditText edit;
    @Override
    public void onCreate(Bundle savedInstanceState) {
        super.onCreate(savedInstanceState);
        setContentView(R.layout.activity_main);
```

```
        edit=(EditText)findViewById(R.id.edit);
        btn=(Button)findViewById(R.id.btn);
        btn.setOnClickListener(this);
    }
    public void onClick(View view)
    {
        Intent intent = new Intent(MainActivity.this, SecondActivity.class);
        Bundle bundle = new Bundle();
        bundle.putString("edit", edit.getText().toString());
        intent.putExtras(bundle);
        startActivity(intent);  //启动 Intent，界面跳转
    }
}
```

（3）修改例 2-1 的界面布局文件 activity_second.xml，添加文本框组件 txt2 和按钮组件 btn2。布局的组件和属性如图 2-8 所示。

例 2-2 布局文件 activity_second.xml 源代码

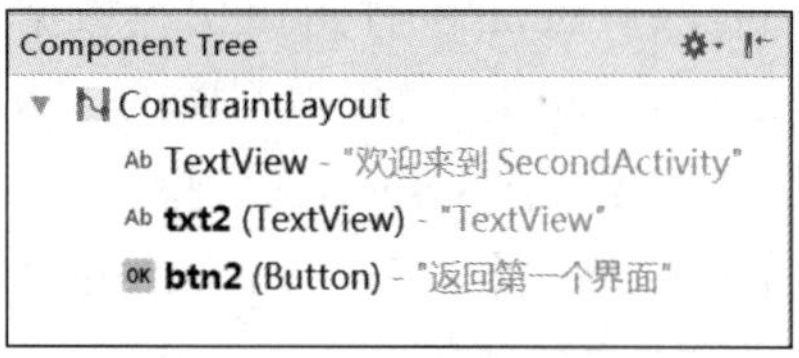

图 2-8　布局的组件和属性

（4）修改例 2-1 的 SecondActivity.java，添加 txt2 和 btn2 关联的对象，在用户点击按钮时，返回第一个 Activity。

控制文件 SecondActivity.java 的源代码如下：

```
public class SecondActivity extends AppCompatActivity
        implements View.OnClickListener{
    Button btn2;
    TextView txt2;
    @Override
    public void onCreate(Bundle bundle) {
        super.onCreate(bundle);
        setContentView(R.layout.activity_second);
        txt2=(TextView)findViewById(R.id.txt2);
        btn2 = (Button)findViewById(R.id.btn2);
        Bundle bb = this.getIntent().getExtras();
        String str = bb.getString("edit");
        txt2.setText(str);
```

```
        btn2.setOnClickListener(this);
    }
    @Override
    public void onClick(View v) {
        Intent intent2 = new Intent();
        intent2.setClass(this, MainActivity.class);
        startActivityForResult(intent2,0);//返回第一个 Activity
    }
}
```

（5）程序运行效果如图 2-9 所示。

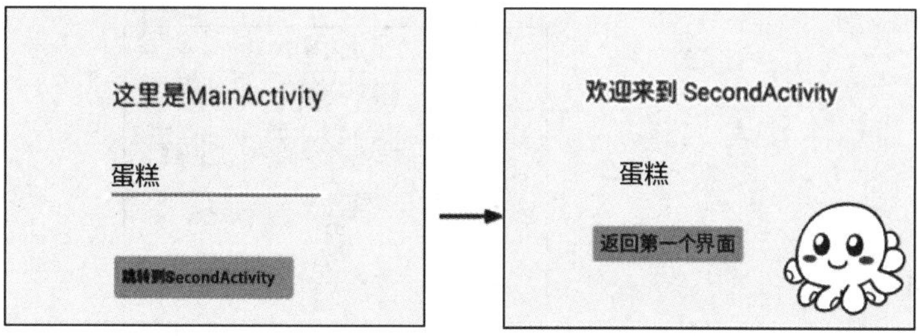

图 2-9　数据在不同 Activity 之间传递的效果

使用 startActivityForResult(Intent intent, int requestCode)方法打开新的 Activity，需要为该方法传入一个请求码（第二个参数），请求码用于标识请求来源，可以简单设为 0。

2.5　消息提示类

在 Android 系统中，可以用消息提示类（Toast）来显示帮助或提示消息，该提示消息以浮于应用程序之上的形式显示在屏幕上。因为提示消息并不获得焦点，所以不会影响用户的其他操作，使用 Toast 类的目的是尽可能不中断用户操作的同时，让用户看到提示消息。

Toast 类的常用方法和说明如表 2-1 所示。

表 2-1　Toast 类的常用方法和说明

方法	说明
Toast(Context context)	构造方法
makeText(Context context,CharSequence text,int duration)	以特定时长显示文本内容，参数 text 为要显示的文本，参数 duration 为显示的时间
getView()	获取视图
setDuration(int duration)	设置提示消息的存续时间
setView(View view)	设置要显示的视图

续表

方法	说明
setGravity(int gravity,int xOffset,int yOffset)	设置提示消息在屏幕上的位置
setText(int resId)	更新 makeText()方法所设置的文本内容
show()	输出提示消息

【例 2-3】Toast 示例。

本案例将实现按默认方式、自定义方式和带图标方式显示 Toast 的效果。

将事先准备好的图标文件 icon.jpg 复制到资源目录 res/drawable 下，将其作为提示消息的图标。程序运行效果如图 2-10 所示。

例 2-3　演示视频

图 2-10　带图标的 Toast 程序运行效果

（1）设计布局文件，在界面设计中设置 1 个 TextView 和 3 个 Button，分别对应 Toast 的 3 种显示方式。

布局文件 activity_toast.xml 的源代码如下：

```
<?xml version="1.0" encoding="utf-8"?>
<LinearLayout xmlns:android="http://schemas.android.com/apk/res/android"
    android:layout_width="fill_parent"
    android:layout_height="fill_parent"
    android:orientation="vertical" >
    <TextView
        android:layout_width="fill_parent"
        android:layout_height="wrap_content"
        android:gravity="center"
        android:text="消息提示 Toast"
        android:textSize="24sp" />
    <Button
```

```
        android:id="@+id/btn1"
        android:layout_height="wrap_content"
        android:layout_width="fill_parent"
        android:text="默认方式"
        android:textSize="20sp" />
    <Button
        android:id="@+id/btn2"
        android:layout_height="wrap_content"
        android:layout_width="fill_parent"
        android:text="自定义方式"
        android:textSize="20sp" />
    <Button
        android:id="@+id/btn3"
        android:layout_height="wrap_content"
        android:layout_width="fill_parent"
        android:text="带图标方式"
        android:textSize="20sp" />
</LinearLayout>
```

（2）添加事件处理。OnClickListener 是一个接口，使用起来很方便，可以直接实现，也可以定义一个子类来实现，关键是把要执行的任务写入该接口的 onClick()方法。

控制文件 ToastActivity.java 的源代码如下：

```
public class ToastActivity extends Activity implements OnClickListener
{

    Button btn1,btn2,btn3;
    Toast toast;
    LinearLayout toastView;
    ImageView imageCodeProject;
    @Override
    public void onCreate(Bundle savedInstanceState)
    {
        super.onCreate(savedInstanceState);
        setContentView(R.layout.activity_toast);
        btn1=(Button)findViewById(R.id.btn1);
        btn2=(Button)findViewById(R.id.btn2);
        btn3=(Button)findViewById(R.id.btn3);
        btn1.setOnClickListener(this);
```

```
        btn2.setOnClickListener(this);
        btn3.setOnClickListener(this);
    }
    public void onClick(View v)
    {
        if(v==btn1)
        {
            Toast.makeText(getApplicationContext(),
                    "默认 Toast 方式",
                    Toast.LENGTH_SHORT).show();
        }
        else if(v==btn2)
        {
            toast = Toast.makeText(getApplicationContext(),
                    "自定义 Toast 的位置",
                    Toast.LENGTH_SHORT);
            toast.setGravity(Gravity.CENTER, 0, 0);
            toast.show();
        }
        else if(v==btn3)
        {
            toast = Toast.makeText(getApplicationContext(),
                    "带图标的 Toast",
                    Toast.LENGTH_SHORT);
            toast.setGravity(Gravity.CENTER, 0, 80);
            toastView = (LinearLayout) toast.getView();
            imageCodeProject = new ImageView(this);
            imageCodeProject.setImageResource(R.drawable.icon);
            toastView.addView(imageCodeProject, 0);
            toast.show();
        }
    }
}
```

2.6 对话框

对话框（Dialog）是提示用户做出决定或输入额外信息的小窗口，对话框不会填充屏幕。对话框是一个有边框和标题栏的、独立存在的容器，在应用程序中经常使用对话框组件来进行人机交互，用于需要用户采取行动才能继续执行的事件。

Android 系统提供了丰富的对话框功能。Dialog 是所有对话框的基类，AlertDialog 是 Dialog 的直接派生类。

消息对话框（AlertDialog）是应用程序设计中非常常用的对话框之一。AlertDialog 的内容很丰富，可以放置标题、消息和 3 个按钮。它可以创建普通对话框、带列表的对话框，以及带单选按钮、复选框的对话框。AlertDialog 的常用方法如表 2-2 所示。

表 2-2 AlertDialog 的常用方法

方法	说明
AlertDialog.Builder()	对话框 Builder 对象的构造方法
create()	创建对话框
setTitle()	设置对话框的标题
setIcon()	设置对话框的图标
setMessage()	设置对话框的消息
setItems()	设置对话框要显示的列表
setPositiveButton()	在对话框中添加肯定按钮
setNegativeButton()	在对话框中添加否定按钮
show()	显示对话框
dismiss()	关闭对话框

创建 AlertDialog 对象时需要使用 AlertDialog 的内部类 Builder。创建 AlertDialog 的步骤如下。

（1）用 AlertDialog.Builder()创建对话框 Builder 对象。

```
Builder dialog=new AlertDialog.Builder(Context);
```

（2）设置对话框的标题、图标、提示消息内容、按钮等。

```
dialog.setTitle("普通对话框");
dialog.setIcon(R.drawable.icon1);
dialog.setMessage("一个简单的提示对话框");
dialog.setPositiveButton("确定", new okClick()) ;
```

（3）创建并显示 AlertDialog 对象。

```
dialog.create();
dialog.show();
```

如果在对话框内部设置了按钮，还需要对其设置事件监听 OnClickListener。

AlertDialog 是非常重要的对话框，有多种表现形式。除列表对话框、单选对话框、多选对话框之外，它还可以创建进度条对话框（ProgressDialog）、时间对话框、自定义布局对话框等，其中，时间对话框带有允许用户选择日期或时间的预定义界面。

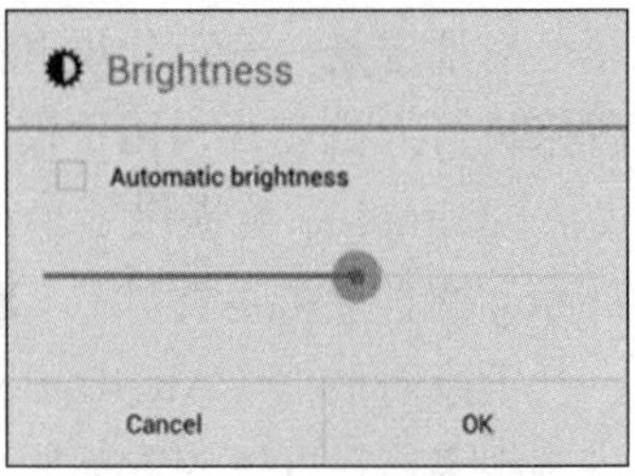

图 2-11　进度条对话框

下面介绍 ProgressDialog。

ProgressDialog 继承于 AlertDialog，综合了进度条与对话框的特点，使用起来非常简单。ProgressDialog 的常用方法如表 2-3 所示，ProgressDialog 类的应用如图 2-11 所示。

表 2-3　ProgressDialog 的常用方法

方法	说明
getMax()	获取对话框进度的最大值
getProgress()	获取对话框当前进度值
onStart()	开始调用对话框
setMax(int max)	设置对话框进度的最大值
setMessage(CharSequence message)	设置对话框的消息
setProgress(int value)	设置对话框当前进度
show(Context context, CharSequence title, CharSequence message)	设置对话框的标题和消息
ProgressDialog(Context context)	对话框的构造方法

例 2-4　演示视频

【例 2-4】AlertDialog 应用示例。

本案例会设计两种形式的对话框程序，一种是显示提示消息的普通对话框，另一种是用户登录对话框。为用户登录对话框设计用户登录的布局文件 login.xml，供用户输入相关验证信息。程序的运行效果如图 2-12 和图 2-13 所示。

图 2-12　普通对话框

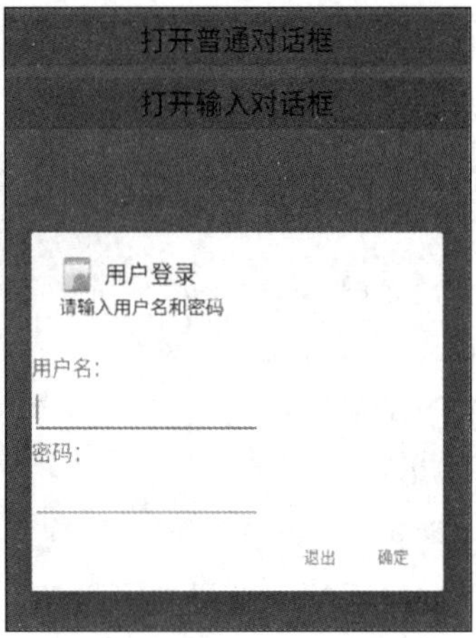

图 2-13　用户登录对话框

（1）设计界面布局文件。

布局文件 activity_dialog.xml 的源代码如下：

```
<?xml version="1.0" encoding="utf-8"?>
<LinearLayout xmlns:android="http://schemas.android.com/apk/res/android"
    android:layout_width="fill_parent"
    android:layout_height="fill_parent"
    android:orientation="vertical" >

    <Button
        android:id="@+id/button1"
        android:layout_width="match_parent"
        android:layout_height="wrap_content"
        android:text="打开普通对话框"
        android:textSize="24sp" />

    <Button
        android:id="@+id/button2"
        android:layout_width="match_parent"
        android:layout_height="wrap_content"
        android:text="打开输入对话框"
        android:textSize="24sp" />

</LinearLayout>
```

（2）设计用户登录对话框的界面布局文件。

布局文件 login.xml 的源代码如下：

```
<?xml version="1.0" encoding="utf-8"?>
<LinearLayout xmlns:android="http://schemas.android.com/apk/res/android"
    android:layout_width="fill_parent"
    android:layout_height="fill_parent"
    android:orientation="vertical">
    <TextView
        android:layout_width="wrap_content"
        android:layout_height="wrap_content"
        android:text="用户名："
        android:id="@+id/user"
        android:textSize="18sp" />
    <EditText
```

```
        android:layout_width="match_parent"
        android:layout_height="wrap_content"
        android:id="@+id/editText" />
    <TextView
        android:layout_width="wrap_content"
        android:layout_height="wrap_content"
        android:text="密码: "
        android:id="@+id/textView"
        android:textSize="18sp" />
    <EditText
        android:layout_width="match_parent"
        android:layout_height="wrap_content"
        android:id="@+id/paswdEdit" />
</LinearLayout>
```

（3）添加事件处理主控制程序。

主控制程序 DialogActivity 的源代码如下：

```
public class DialogActivity extends Activity
        implements View.OnClickListener
{
    Button btn1,btn2;
    LinearLayout login;
    @Override
    protected void onCreate(Bundle savedInstanceState) {
        super.onCreate(savedInstanceState);
        setContentView(R.layout.activity_dialog);
        btn1=(Button)findViewById(R.id.button1);
        btn2=(Button)findViewById(R.id.button2);
        btn1.setOnClickListener(this);
        btn2.setOnClickListener(this);
    }
    @Override
    public void onClick(View arg0)
    {
        AlertDialog.Builder dialog=
                new AlertDialog.Builder(DialogActivity.this);
        if(arg0 == btn1)
        {
```

```
            //设置对话框的标题
            dialog.setTitle("警告");
            //设置对话框的图标
            dialog.setIcon(R.drawable.icon);
            //设置对话框的消息
            dialog.setMessage("本项操作可能导致信息泄露！");
            //在对话框中添加"确定"按钮
            dialog.setPositiveButton("确定", new okClick());
            //创建对话框
            dialog.create();
            //显示对话框
            dialog.show();
        }
        else  if(arg0 == btn2)
        {
            login = (LinearLayout)getLayoutInflater().
                                 inflate(R.layout.login, null);
//getLayoutInflater()允许使用指定的XML文件，从而实现自定义布局
            dialog.setTitle("用户登录").setMessage("请输入用户名和密码")
                  .setView(login);//标题和消息
            dialog.setPositiveButton("确定", new loginClick());// "确定"按钮
            dialog.setNegativeButton("退出", new exitClick());// "退出"按钮
            dialog.setIcon(R.drawable.icon);//对话框图标
            dialog.create();//创建对话框
            dialog.show();//显示对话框
        }
    }
    /*  普通对话框的"确定"按钮事件 */
    class okClick implements DialogInterface.OnClickListener
    {
        @Override
        public void onClick(DialogInterface dialog, int which)
        {
            dialog.cancel();
        }
    }
```

```
58.    /*  用户登录对话框的“确定”按钮事件   */
59.    class loginClick implements  DialogInterface.OnClickListener
60.    {
61.        EditText txt;
62.        @Override
63.        public void onClick(DialogInterface dialog, int which)
64.        {
65.            txt = (EditText)login.findViewById(R.id.paswdEdit);
66.            //取出输入文本编辑框的值与密码“admin”比较
67.            if((txt.getText().toString()).equals("admin"))
68.                Toast.makeText(getApplicationContext(),
69.                        "登录成功", Toast.LENGTH_SHORT).show();
70.            else
71.                Toast.makeText(getApplicationContext(),
72.                        "密码错误", Toast.LENGTH_SHORT).show();
73.            dialog.dismiss();
74.        }
75.    }
76.    /*  用户登录对话框的“退出”按钮事件   */
77.    class exitClick implements DialogInterface.OnClickListener
78.    {
79.        @Override
80.        public void onClick(DialogInterface dialog, int which)
81.        {
82.            DialogActivity.this.finish();
83.        }
84.    }
85. }
```

说明如下。

（1）程序的第 37～38 行：

```
login = (LinearLayout)getLayoutInflater().inflate(R.layout.login, null);
```

这里的 inflate()将组件从一个 XML 文件定义的布局中找出来。

（2）程序的第 65 行：

```
txt = (EditText)login.findViewById(R.id.paswdEdit);
```

通常在一个 Activity 中直接用 findViewById()，对应的是 setConentView()中的 layout 里面的 View（如 ImageView、TextView）。但如果用到其他 layout 布局，如对话框中的布局文件 login.xml，并且还要修改 layout 上 View（如 ImageView、TextView）的内容，这

就必须用 inflate()先将对话框中的 layout 找出来，然后用这个 layout 对象 login 找到上面的 View。

2.7 菜单设计

菜单（Menu）是常见的 UI 组件，实现的形式有很多，如选项菜单（OptionsMenu）、上下文菜单（ContextMenu）和弹出菜单（PopupMenu）。

（1）OptionsMenu 是 Activity 的主菜单项，放置能产生全局影响的操作。

（2）ContextMenu 是长按特定 View 时出现的浮动菜单，只影响所选内容。

（3）PopupMenu 以垂直列表形式显示一系列选项，适用于特定内容的大量操作。

此外，2.6 节介绍的 AlertDialog 也有菜单的作用，AlertDialog 提供了列表、单选、多选等形式，用于需要用户采取行动才能继续执行的事件。

菜单由多个菜单项组成，选择一个菜单项就可以引发一个动作事件。下面介绍选项菜单和上下文菜单。

2.7.1 选项菜单

1. 在 Activity 中创建选项菜单的方法

创建 OptionsMenu 需要用到 Activity 中的 onCreateOptionsMenu 方法，它可以建立菜单，并且在菜单中添加菜单项。创建了菜单后还需要用到 Activity 中的 onOptionsItemSelected 方法，用于响应菜单事件。用 Activity 实现选项菜单的方法如表 2-4 所示。

表 2-4 用 Activity 实现选项菜单的方法

方法	说明
onCreateOptionsMenu(Menu menu)	用于初始化菜单，menu 为 Menu 对象的实例
onPrepareOptionsMenu(Menu menu)	更新菜单状态，在菜单显示前调用
onOptionsMenuClosed(Menu menu)	菜单被关闭时调用
onOptionsItemSelected(MenuItem item)	菜单项被点击时调用，即菜单项的监听方法

2. Menu

设计选项菜单需要用到 Menu、MenuItem 接口。一个 Menu 对象代表一个菜单，Menu 对象中可以添加菜单项 MenuItem 对象，也可以添加子菜单 SubMenu 对象。

Menu 使用 add(int groupId, int itemId, int order, CharSequence title)方法添加菜单项。add()方法中的 4 个参数说明依次如下。

（1）组别：如果不分组就设为 Menu.NONE。

（2）ID：Android 根据 ID 来确定不同的菜单。

（3）顺序：由这个参数的值决定哪个菜单项排在前面。

（4）文本：菜单项的显示文本。

3. 创建 OptionsMenu 的步骤

（1）重写 Activity 的 onCreateOptionsMenu 方法。

（2）调用 Menu 的 add()方法添加菜单项 MenuItem，可以调用 MenuItem 的 setIcon()方法来为菜单项设置图标。

（3）当菜单项被选择时，可以通过重写 Activity 的 onOptionsItemSelected()方法来响应事件。

【例 2-5】OptionsMenu 应用示例。

设计一个应用 OptionsMenu 的示例程序，其运行效果如图 2-14 所示。

例 2-5　演示视频

图 2-14　OptionsMenu 应用示例运行效果

（1）设计界面布局文件 activity_menu.xml，其组件和属性如图 2-15 所示。

图 2-15　布局的组件和属性

例 2-5　布局文件 activity_menu.xml 源代码

（2）添加事件处理控制文件。

控制文件 MenuActivity.java 的源代码如下：

```
public class MenuActivity extends AppCompatActivity
{
    TextView txt;
    @Override
    public void onCreate(Bundle savedInstanceState)
    {
        super.onCreate(savedInstanceState);
        setContentView(R.layout.activity_menu);
        txt = (TextView)findViewById(R.id.txt);
    }
    @Override
```

```
    public boolean onCreateOptionsMenu(Menu menu)
    {
        // 调用父类方法来加入系统菜单
        super.onCreateOptionsMenu(menu);
        // 添加菜单项
        menu.add(
                1,//组号
                1, //唯一的 ID
                1, //排序号
                "主页"); //标题
        menu.add( 1, 2, 2, "搜索");
        menu.add( 1, 3, 3, "设置");
        menu.add( 1, 4, 4, "退出");
        return true;
    }
    @Override
    public boolean onOptionsItemSelected(MenuItem item)
    {
        String title = "选择了" + item.getTitle().toString();
        switch (item.getItemId())
        { //响应每个菜单项（通过菜单项的 ID）
            case 1:
                txt.setText(title);
                break;
            case 2:
                txt.setText(title);
                break;
            case 3:
                txt.setText(title);
                break;
            case 4:
                this.finish();//退出 App
                break;
            default:
                //将没有被处理的事件，交给父类来处理
                return super.onOptionsItemSelected(item);
        }
```

```
        return true;
    }
}
```

2.7.2 上下文菜单

Android 系统的 ContextMenu 类似于计算机操作系统的鼠标右键菜单。当为一个 View 注册了上下文菜单之后，长按（2s 左右）这个 View 对象就会弹出一个浮动菜单，即上下文菜单。

创建 ContextMenu 的步骤如下。

（1）重写 Activity 的 onCreateContextMenu()方法，调用 Menu 的 add()方法添加菜单项。

（2）重写 Activity 的 onContextItemSelected()方法，响应 ContextMenu 中菜单项的点击事件。

（3）调用 Activity 的 registerForContextMenu()方法，为 View 注册 ContextMenu。

【例 2-6】 ContextMenu 应用示例。

设计一个应用 ContextMenu 的示例程序，使用上下文菜单对虞美人图片进行复制、收藏、转发等操作。其运行效果如图 2-16 所示。

例 2-6 视频演示

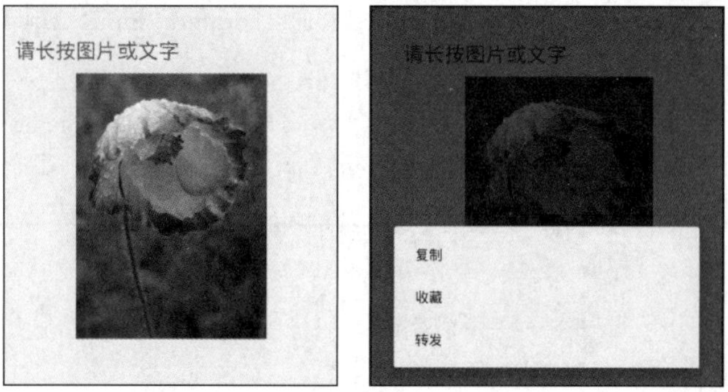

图 2-16 ContextMenu 应用示例运行效果

（1）设计界面布局文件 activity_contextmenu.xml，布局的组件和属性如图 2-17 所示。

例 2-6 布局文件 activity_contextmenu.xml 源代码

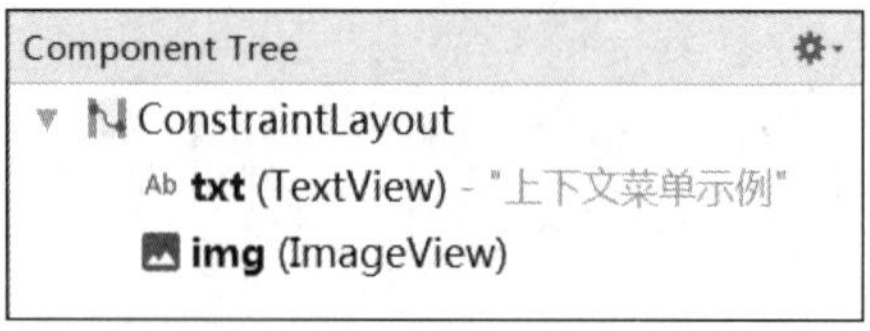

图 2-17 布局的组件和属性

（2）在控制文件 ContextMenuActivity.java 中添加事件处理。

控制文件 ContextMenuActivity.java 的源代码如下：

```
public class ContextMenuActivity extends AppCompatActivity
{
    TextView txt;
```

```
ImageView img;
private static final int item1 = Menu.FIRST;
private static final int item2 = Menu.FIRST+1;
private static final int item3 = Menu.FIRST+2;
@Override
public void onCreate(Bundle savedInstanceState)
{
    super.onCreate(savedInstanceState);
    setContentView(R.layout.activity_contextmenu);
    txt=(TextView)findViewById(R.id.txt);
    txt.setText("请长按图片或文字");
    img=(ImageView)findViewById(R.id.img);
    registerForContextMenu(txt);
    registerForContextMenu(img);
}
//上下文菜单，长按特定 View 会激活上下文菜单
@Override
public void onCreateContextMenu(ContextMenu menu, View view,
                                ContextMenuInfo menuInfo) {
    //添加菜单项
    menu.add(0, item1, 0, "复制");
    menu.add(0, item2, 0, "收藏");
    menu.add(0, item3, 0, "转发");
}
//菜单项点击事件响应
@Override
public boolean onContextItemSelected(MenuItem item){
    //获取当前被选择的菜单项的信息
    switch(item.getItemId())
    {
        case item1:
            //复制代码
            break;
        case item2:
            //收藏代码
            break;
        case item3:
```

```
                //转发代码
                break;
        }
        return true;
    }
}
```

可以看到，OptionsMenu 不需要注册，属于整个 Activity，点击菜单即可触发；ContextMenu 需要调用注册方法，长按特定 View 才能触发。

第 2 章　实战演练

2.8 实战演练——BMI 计算器

第 1 章的实战演练中，十二生肖的主页可以通过 Spinner 组件的 getSelectedItem()方法获得生肖信息，然后跳转到选择的生肖界面。

参考代码如下：

```
class btng implements View.OnClickListener{
        public void onClick(View v){
            Intent intent=new Intent();
            intent.setClass(MainActivity.this,infoActivity.class);
            Bundle bundle=new Bundle();
            shengxiao = spinner.getSelectedItem().toString();
            bundle.putString("text",shengxiao);
            intent.putExtras(bundle);
            startActivity(intent);
        }
}
```

下拉列表的事件监听还有其他解法，答案不唯一。

下面开发一款 BMI（Body Mass Index，身体质量指数）计算器，实现输入身高和体重即可判断胖瘦程度，界面如图 2-18 所示，胖瘦程度与 BMI 关系如表 2-5 所示。

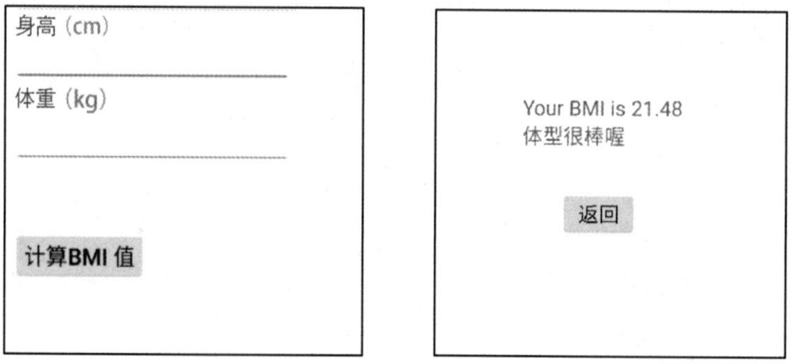

图 2-18　BMI 计算器界面

表 2-5 胖瘦程度与 BMI 关系

胖瘦程度	BMI
过轻	低于 18.5
适中	大于等于 18.5，低于 25
超重	大于等于 25，低于 30
肥胖	大于等于 30，低于 35
严重肥胖	大于等于 35

BMI 是一种公认的评定个人体质胖瘦程度的分级方法，具体的计算方法如下：

$$BMI=体重（kg）/身高^2（m^2）$$

用户在图 2-18 所示界面中输入身高和体重，点击“计算 BMI 值”按钮后，显示计算出来的 BMI 值，并显示相应的结论。

思维导图

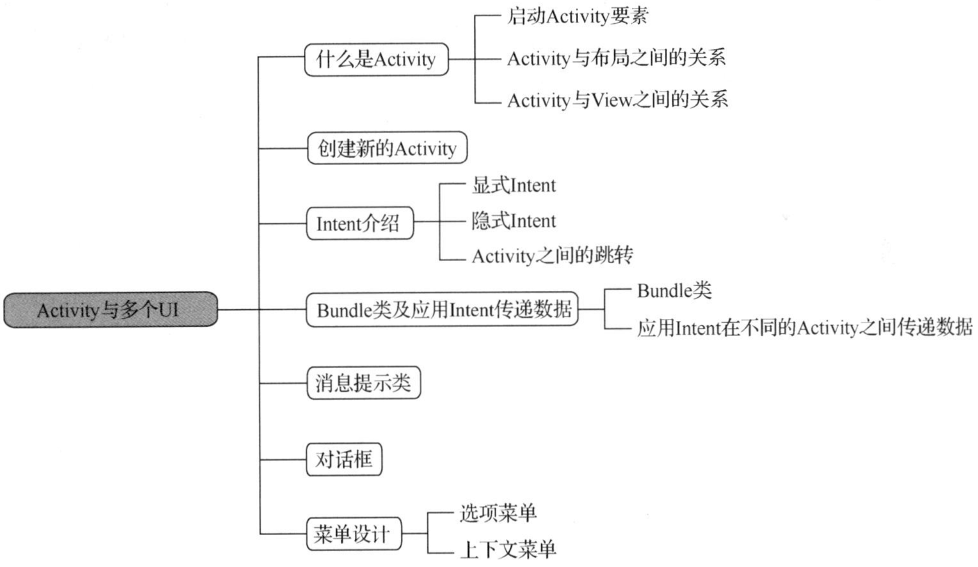

本章小结

- Activity 是给用户提供交互功能的组件，能显示 UI。每个 Activity 都有一个窗口，这个窗口通常会占满整个屏幕，也可能比屏幕小，或悬浮在其他窗口上。
- Activity 生命周期：运行、暂停、停止、销毁。
- 启动 Activity 前，需要先在 AndroidManifest 文件中注册。Android Studio 创建新

- 启动 Activity 前，需要先在 AndroidManifest 文件中注册。Android Studio 创建新 Activity，会自动完成 Activity 的注册，包括意图过滤器、类名等。一个应用程序通常由多个 Activity 结合在一起，每个 Activity 都必须注册。
- Activity 与布局之间的关系。应用程序显示的内容通常在布局文件中设计，然后到 Activity 程序中通过 setContentView()方法来指定要使用的布局文件。
- Activity 与视图（View）之间的关系。UI 由若干个 View 对象组成，View 对象控制一个特定的矩形的空间。在 Activity 中调用 findViewById()方法可以获取 View 对象，然后能修改 View 对象的属性，包括文字内容、颜色、位置等。
- 通过 Intent 开启新的 Activity。应用程序通常都由多个界面组成，每个界面都用 Activity 控制，界面跳转实际上是 Activity 在跳转。Intent 可启动 Activity、Service，还可发送广播。
- 消息提示类（Toast）用来显示帮助或提示消息，提示消息以浮于应用程序之上的形式呈现，并不获得焦点，不会中断用户操作。
- 对话框（Dialog）是一个有边框和标题栏的、独立存在的容器，可以进行人机交互，用于需要用户采取行动才能继续执行的事件。常用对话框有消息对话框（AlertDialog）、进度条对话框（ProgressDialog）、时间对话框等。
- 菜单（Menu）的实现方法有很多，常用的有选项菜单（OptionsMenu）和上下文菜单（ContextMenu）。OptionsMenu 是主菜单，放置影响全局的操作。ContextMenu 是长按特定 View 时出现的浮动菜单，只影响所选内容。

第 3 章 多媒体播放与录制

第 3 章 本章知识

学习目标

- 了解 MediaPlayer 对象的生命周期
- 掌握音频文件的播放方法
- 掌握 SD 卡文件的访问方法
- 掌握视频播放的方法
- 掌握录音与拍照的实现方法

智能手机的功能越来越强大，各种娱乐项目（如看电影、听歌）都可以在手机上进行。Android 系统提供了一系列的多媒体 API（Application Program Interface，应用程序接口），让程序员可以编写丰富的应用程序。本章将通过 6 个案例，对多媒体开发进行讲解。

3.1 音频播放

3.1.1 多媒体处理包

Android 系统提供了处理常见多媒体文件的 API，用户借助这些 API 可以非常方便地处理图片、音频、视频等多媒体文件，也可以操控 Android 终端的录音、摄像设备。这些 API 均位于 android.media 包中，media 包中的主要类如表 3-1 所示。

表 3-1 media 包中的主要类

类名	说明
MediaPlayer	支持流媒体，用于播放音频和视频
MediaRecorder	用于录制视频和音频
Ringtone	用于播放可用铃声和提示音的短声音片段
AudioManager	用于控制音量
AudioRecord	用于记录从音频输入设备产生的数据
JetPlayer	用于存储 JET 内容的回放和控制
RingtoneManager	用于访问响铃、通知和其他类型的声音
SoundPool	用于管理和播放应用程序的音频资源

3.1.2 媒体播放器

媒体播放器（MediaPlayer）是 Android 系统 android.media 包中的类，主要用于控制音频文件、视频文件或流媒体的播放，具有一定的生命周期。

1. MediaPlayer 对象的生命周期

一个对象的创建、使用、释放的过程称为该对象的生命周期。因此，把 MediaPlayer 对象的创建、初始化、同步、播放、结束的运行过程称为 MediaPlayer 的生命周期，如图 3-1 所示。

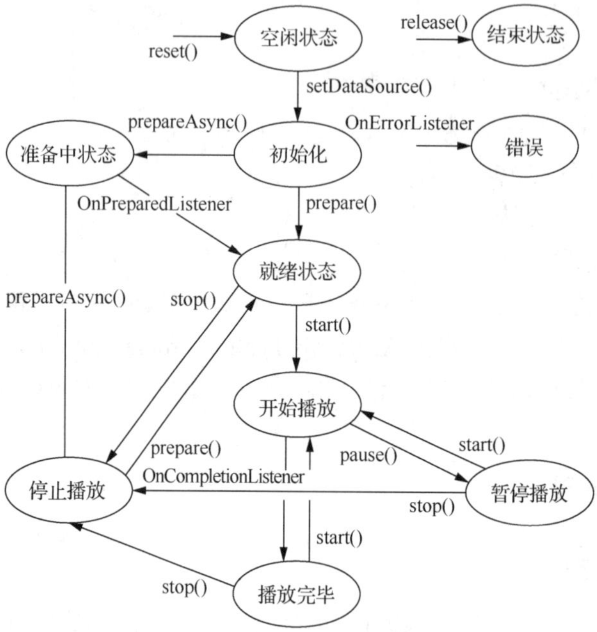

图 3-1 MediaPlayer 对象的生命周期

当创建一个 MediaPlayer 对象，或者 MediaPlayer 对象调用 reset()重置方法，MediaPlayer 对象会处于空闲状态；调用 release()方法，MediaPlayer 对象变成结束（释放）状态。

MediaPlayer 是基于状态的，在特定的状态只能执行特定的方法，一个 MediaPlayer 对象处于空闲状态时不能进行播放操作，它必须经过初始化与同步处理才能进行播放操作。

2. MediaPlayer 类的常用方法

MediaPlayer 类的常用方法如表 3-2 所示。

表 3-2 MediaPlayer 类的常用方法

方法	说明
create()	创建媒体播放器
getCurrentPosition()	获取当前播放位置
getDuration()	获取播放文件的时长

续表

方法	说明
getVideoHeight()	获取播放视频的高度
getVideoWidth()	获取播放视频的宽度
setLooping()	设置循环播放
isPlaying()	判断文件是否正在播放
pause()	暂停播放
prepare()	准备播放文件，进行同步处理
prepareAsync()	准备播放文件，进行异步处理
release()	释放 MediaPlayer 对象
reset()	重置 MediaPlayer 对象
seekTo()	指定播放文件的播放位置
setDataSource()	设置多媒体数据来源
setOnPreparedListener()	监听流媒体是否装载完毕
setOnCompletionListener()	监听播放文件是否播放完毕
start()	开始播放
stop()	停止播放

3.1.3 播放音频文件

通过 MediaPlayer 提供的方法，不仅可以播放存储在 SD 卡（Secure Digital Memory Card，安全数码卡）上的音频文件，还可以播放 res 资源中的音频文件。这两者在设计方法上有不同之处，下面分步骤进行解释。

1. 构建 MediaPlayer 对象

MediaPlayer 播放的文件主要有以下 3 个来源，因此构建 MediaPlayer 对象的方法有所不同。

（1）存储在 SD 卡中的多媒体文件。需要调用 new()方法创建 MediaPlayer 对象，再调用 setDataSource()方法设置多媒体数据来源，创建的案例如下：

```
MediaPlayer mplayer = new MediaPlayer();
String str=
Environment.getExternalStoragePublicDirectory(Environment.DIRECTORY_
                                                DOWNLOADS)+"/abc.mp3";
mplayer.setDataSource(str);
```

（2）存储在应用程序的 res 资源中的多媒体文件。使用 create()方法创建 MediaPlayer 对象。由于 create()方法中已经封装了初始化及同步的方法，故不需要进行 setDataSource()

初始化及 prepare()同步操作。创建的案例如下：

```
MediaPlayer mplayer= MediaPlayer.create(this,R.raw.test);
```

其中 R.raw.test 表示 res 资源中的音频数据来源，test 为音频文件的名称，注意不要带扩展名。

（3）来自网络的音乐文件。需要调用 new()方法创建 MediaPlayer 对象，再调用 setDataSource()方法设置媒体数据来源。方法与调用 SD 卡的多媒体文件类似。

2．对播放器进行同步控制

使用 prepare()方法设置对播放器的同步控制，例如：

```
mplayer.prepare();
```

3．播放音频文件

调用 start()方法播放音频文件，例如：

```
mplayer.start();
```

如果要暂停播放或停止播放音频文件，则调用 pause()或 stop()方法。

4．释放占用资源

音频文件播放结束时，调用 release()方法释放播放器占用的系统资源。

例 3-1　演示视频

如果要重新播放音频文件，则需要调用 reset()方法让播放器返回到空闲状态，再从第二步开始重复其他各步骤。

【例 3-1】设计一个音乐播放器，播放项目资源中的音乐，效果如图 3-2 所示。

（1）使用 Android Studio 创建新项目 Chap03，按系统提示创建第一个 Activity 程序的控制文件 Localmp3Activity.java 和布局文件 activity_localmp3.xml。

（2）将准备好的音频文件保存在指定路径下，将测试用的音频文件 abc.mp3 复制到新建的 res/raw 资源目录下。

（3）设计布局文件 activity_localmp3.xml。在 UI 布局中设置两个带图标的按钮，分别表示播放、停止，播放和暂停共用一个按钮。布局的组件和属性如图 3-3 所示。

图 3-2　音乐播放器运行效果

图 3-3　布局的组件和属性

布局文件 activity_localmp3.xml 的源代码如下：

```
<?xml version="1.0" encoding="utf-8"?>
<LinearLayout xmlns:android="http://schemas.android.com/apk/res/android"
    android:layout_width="wrap_content"
```

```
    android:layout_height="wrap_content"
    android:orientation="vertical"
    android:layout_marginTop="20dp"
    android:layout_marginLeft="80dp">
    <ImageView
        android:id="@+id/imageView2"
        android:layout_width="wrap_content"
        android:layout_height="wrap_content"
        android:src="@drawable/tt" />
    <TextView
        android:id="@+id/txt"
        android:layout_width="wrap_content"
        android:layout_height="wrap_content"
        android:text="播放音乐"
        android:textSize="24sp" />
    <LinearLayout
        android:layout_width="wrap_content"
        android:layout_height="wrap_content"
        android:orientation="horizontal">
        <ImageButton
            android:id="@+id/Start"
            android:layout_width="wrap_content"
            android:layout_height="wrap_content"
            android:src="@drawable/music_play" />
        <ImageButton
            android:id="@+id/Stop"
            android:layout_width="wrap_content"
            android:layout_height="wrap_content"
            android:src="@drawable/music_stop" />
    </LinearLayout>
</LinearLayout>
```

（4）设计控制文件。

控制文件 Localmp3Activity.java 的源代码如下：

```
public class Localmp3Activity extends Activity {
    ImageButton Start,Stop;
    MediaPlayer mp;//媒体播放器对象
    @Override
```

```
    protected void onCreate(Bundle savedInstanceState) {
        super.onCreate(savedInstanceState);
        setContentView(R.layout.activity_localmp3);
        Start=(ImageButton)findViewById(R.id.Start);
        Stop=(ImageButton)findViewById(R.id.Stop);
        Start.setOnClickListener(new mStart());
        Stop.setOnClickListener(new mStop());
        try {
            //测试用的 MP3 文件
            mp= MediaPlayer.create(this, R.raw.abc);
            mp.setLooping(true);
        }catch(Exception e){
            Toast.makeText(this,"play error", Toast.LENGTH_LONG).show();
        }
    }
    class mStart implements View.OnClickListener{
        @Override
        public void onClick(View v) {
            try {
                if(!mp.isPlaying()){
                    /*播放按钮事件*/
                    mp.start();
                    Start.setImageResource(R.drawable.music_ pause);
                }
                else {
                    /*暂停按钮事件*/
                    mp.pause();
                    Start.setImageResource(R.drawable.music_ play);
                }
            }catch(Exception e){e.printStackTrace();}
        }
    }
    class mStop implements View.OnClickListener{
        @Override
        public void onClick(View v) {
            /*停止按钮事件，停止播放音乐，不是退出或释放资源*/
            mp.reset();
```

```
            try {
                mp = MediaPlayer.create(Localmp3Activity.this, R.raw.abc);
                mp.setLooping(true);
        }catch(Exception e){e.printStackTrace();}
        Start.setImageResource(R.drawable.music_play);
        }
    }
}
```

3.1.4　播放 SD 卡里的音频文件

Android Studio 可以使用工具 Device File Explorer 查看设备上的文件，这需要先启动手机模拟器，然后单击 Android Studio 的菜单进行操作。

默认情况下用户无法看到代表 SD 卡的 storage 的二级目录 emulated 的文件。用户需要打开命令提示符窗口，执行命令“adb root”获得超级用户权限后才能访问该目录。想要查看或传送文件到手机模拟器，请按以下步骤操作：

（1）打开 Android Studio 项目，运行 App 以确定模拟器被打开；

（2）找到 Android sdk 目录，默认是在 C:\Users\Administrator\AppData\Local\目录下；

（3）找到 platform-tools 文件夹，打开命令提示符窗口，执行下列命令：

```
  > cd C:\Users\Administrator\AppData\Local\Android\Sdk\platform-tools
> adb root
```

（4）在 Android Studio 的一级菜单“View”，找到“Tool Windows”的“Device File Explorer”，单击它就会出现图 3-4 所示的 emulated 目录结构，这时用 File 浏览器可以直接复制文件到 SD 卡。例 3-2 结尾处还将补充一个用程序复制文件的方法。

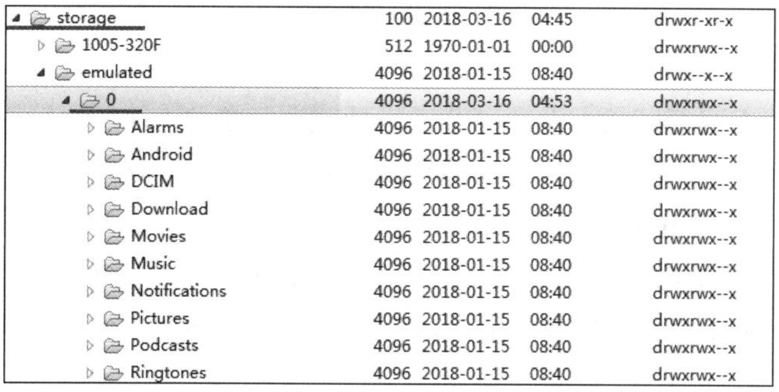

图 3-4　emulated 目录结构

下面是编写程序访问 SD 卡中文件的具体步骤。

（1）在配置文件 AndroidManifest.xml 中申请权限，必须写在<application>标签外面。

```
<uses-permission android:name="android.permission.READ_EXTERNAL_STORAGE" />
<uses-permission android:name="android.permission.WRITE_EXTERNAL_STORAGE" />
<uses-permission android:name="android.permission.MOUNT_UNMOUNT_FILESYSTEMS"/>
```

（2）对于 Android 6.0 以后的版本，不仅要在配置文件中加入申请权限，而且要在运行时再次动态申请，方法如下：

```
// 申请 SD 卡访问权限
private static final int REQUEST_EXTERNAL_STORAGE = 1;
private static String[] PERMISSIONS_STORAGE = {
        Manifest.permission.READ_EXTERNAL_STORAGE,
        Manifest.permission.WRITE_EXTERNAL_STORAGE
};// 同时申请读和写的权限
public static void verifyStoragePermissions(Activity activity) {
     // 检查是否已经有权限
     int permission =
ActivityCompat.checkSelfPermission(activity, Manifest.permission.WRITE_
                                                          EXTERNAL_ STORAGE);

     if (permission != PackageManager.PERMISSION_GRANTED) {
          // 如果没有取得权限，则弹出对话框向用户申请
          ActivityCompat.requestPermissions(
                    activity,
                    PERMISSIONS_STORAGE,
                    REQUEST_EXTERNAL_STORAGE
          );
     }
}
```

（3）在控制文件的 onCreate()方法中调用上述 verifyStoragePermissions(Activity activity)方法。

例 3-2　演示视频

【例 3-2】设计一个音乐播放器，播放 SD 卡中的音乐。

将音频文件 abc.mp3 复制到 SD 卡中。创建 Activity 程序的控制文件 Sdcardmp3.java 和布局文件 activity_sdcard.xml。

（1）设计布局文件 activity_sdcard.xml。该布局文件和例 3-1 的布局文件相似。在布局文件 activity_sdcard.xml 中设置两个带图标的按钮，分别表示播放、停止，如图 3-5 所示。

例 3-2　布局文件 activity_sdcard.xml 源代码

图 3-5　音乐播放器运行效果

（2）设计控制文件 Sdcardmp3.java，里面有访问 SD 卡中文件的方法，并可实现事件监听。

控制文件 Sdcardmp3.java 的源代码如下：

```
public class Sdcardmp3 extends Activity {
    ImageButton Start,Stop;
    MediaPlayer mp;
    String str;
    // 申请 SD 卡访问权限
    private static final int REQUEST_EXTERNAL_STORAGE = 1;
    private static String[] PERMISSIONS_STORAGE = {
            Manifest.permission.READ_EXTERNAL_STORAGE,
            Manifest.permission.WRITE_EXTERNAL_STORAGE
    };
    public static void verifyStoragePermissions(Activity activity) {
        // 检查是否已经有权限
        int permission =
ActivityCompat.checkSelfPermission(activity,Manifest.permission.WRITE_
                                                            EXTERNAL_STORAGE);

        if (permission != PackageManager.PERMISSION_GRANTED) {
            // 如果没有取得权限，就弹出对话框向用户申请
            ActivityCompat.requestPermissions(
                    activity,
                    PERMISSIONS_STORAGE,
                    REQUEST_EXTERNAL_STORAGE
            );
        }
    }
    @Override
    protected void onCreate(Bundle savedInstanceState) {
        super.onCreate(savedInstanceState);
        verifyStoragePermissions(this);
        str= Environment.getExternalStoragePublicDirectory(Environment.
                                         DIRECTORY_ DOWNLOADS)+"/abc.mp3";
        setContentView(R.layout.activity_sdcard);
        Start=(ImageButton)findViewById(R.id.Start);
        Stop=(ImageButton)findViewById(R.id.Stop);
```

```
        // 媒体播放器对象
        mp = new MediaPlayer();
        Start.setOnClickListener(new mStart());
        Stop.setOnClickListener(new mStop());
        //isFileExist();
        try {
            mp.setDataSource(str);
            mp.prepare();
            // 设置循环播放
            mp.setLooping(true);
        } catch (Exception e) {
            e.printStackTrace();
        }
    }

    class mStart implements View.OnClickListener{
        @Override
        public void onClick(View v) {
            try {
                if(!mp.isPlaying()){
                    mp.start();
                    Start.setImageResource(R.drawable.music_ pause);
                }
                else {
                    /*暂停按钮事件*/
                    mp.pause();
                    Start.setImageResource(R.drawable.music_ play);
                }
            } catch (Exception e) {
                e.printStackTrace();
            }
        }
    }

    class mStop implements View.OnClickListener{
        @Override
        public void onClick(View v) {
```

```
            mp.reset();
            try {
           mp.setDataSource(str);
           mp.prepare();
               mp.setLooping(true);
    } catch (Exception e) {e.printStackTrace();}
        Start.setImageResource(R.drawable.music_play);
        }
    }
}
```

实现例 3-2 需要提前复制文件到 SD 卡，下面补充一个方法，可以将 raw 目录下需要的文件复制到 SD 卡，源代码如下：

```
protected void CopyRawtoSd(){
    String TOPATH = Environment.getExternalStoragePublicDirectory(
        Environment.DIRECTORY_DOWNLOADS).toString();
    try{
        String  Filename = TOPATH + "/movie.mp4";
        File dir = new File(TOPATH);
        if (!dir.exists())
            dir.mkdir();
        if (!(new File(Filename)).exists()){
            InputStream is = getResources().openRawResource(R.raw.movie);
            FileOutputStream fos = new FileOutputStream(Filename);
            byte[] buffer = new byte[is.available()];
            int count = 0;
            while ((count = is.read(buffer)) > 0){
                fos.write(buffer, 0, count);
            }
            fos.close();
            is.close();
            Toast.makeText(this,"文件复制成功! ",Toast.LENGTH_SHORT).show();
        }
    }catch (Exception e){
        Toast.makeText(this,"文件复制失败",Toast.LENGTH_SHORT).show();
    }
}
```

3.2 视频播放

Android 实现视频播放的方法有两种：

- MediaPlayer + SurfaceView；
- MediaController + VideoView。

第一种方法是基础，可以编程控制播放器的大小和位置。

第二种方法使用起来更方便，但由于 MediaController 和 VideoView 是 Android 封装好的类，播放器的大小、位置等都不接受编程控制。

MediaPlayer 是媒体播放器，可以播放音频，也可以播放 3GP 和 MP4 格式的视频文件。视频其实就是给音频配上影像，而 SurfaceView 就是给音频配上影像的工具，我们只需要把 SurfaceView 与 MediaPlayer 关联起来即可。

3.2.1 应用媒体播放器播放视频

例 3-3 演示视频

【例 3-3】应用媒体播放器组件 MediaPlayer 设计一个视频播放器。

（1）创建一个 Activity 程序的控制文件 SangpActivity.java 和布局文件 activity_3gp.xml。

（2）准备好视频文件 sample.3gp，并将其复制到模拟器的 SD 卡中。

（3）设计布局文件 activity_3gp.xml，在 UI 布局中设置一个 SurfaceView 组件，用于显示视频图像，同时设置 3 个按钮，分别表示播放、暂停、停止，如图 3-6 所示。

图 3-6 视频播放器运行效果

布局文件 activity_3gp.xml 的组件和属性如图 3-7 所示。

例 3-3 布局文件 activity_3gp.xml 源代码

图 3-7 布局的组件和属性

（4）完善控制文件 SangpActivity.java，实现视频播放。

控制文件 SangpActivity.java 的源代码如下：

```
public class SangpActivity extends Activity
{
    MediaPlayer mMediaPlayer;
    SurfaceView mSurfaceView;
    Button playBtn,pauseBtn,stopBtn;
    String path;
    SurfaceHolder sh;

    @Override
    public void onCreate(Bundle savedInstanceState)
    {
        super.onCreate(savedInstanceState);
        setContentView(R.layout.activity_3gp);
        mSurfaceView = (SurfaceView)findViewById(R.id.surfaceView1);
        playBtn=(Button)findViewById(R.id.play);
        pauseBtn=(Button)findViewById(R.id.pause);
        stopBtn=(Button)findViewById(R.id.stop);
        path = Environment.getExternalStoragePublicDirectory
       (Environment.DIRECTORY_DOWNLOADS) +"/sample.3gp";
        mMediaPlayer = new  MediaPlayer();
        playBtn.setOnClickListener(new mClick());
        pauseBtn.setOnClickListener(new mPause());
        stopBtn.setOnClickListener(new mStop());
    }

    class mClick implements OnClickListener
    {
        @Override
        public void onClick(View v)
        {
            try {
                mMediaPlayer.reset();
                //为媒体播放器对象设置用于显示视频内容、代表屏幕描绘的控制器
                mMediaPlayer.setDataSource(path);//设置数据来源
                sh=mSurfaceView.getHolder();
```

```
                mMediaPlayer.setDisplay(sh);
                mMediaPlayer.prepare();
                mMediaPlayer.start();
                playBtn.setEnabled(false);
            }catch (Exception e){ Log.i("MediaPlay err", "MediaPlay err");}
        }
    }
    class mPause implements OnClickListener
    {
        @Override
        public void onClick(View v)
        {
            try {
                if(!mMediaPlayer.isPlaying()){
                    /*暂停按钮事件*/
                    mMediaPlayer.start();
                    pauseBtn.setText("暂停");
                }
                else {
                    /*播放按钮事件*/
                    mMediaPlayer.pause();
                    pauseBtn.setText("播放");
                }
            }catch(Exception e){e.printStackTrace();}
            //mMediaPlayer.stop();
        }
    }
    class mStop implements OnClickListener
    {
        @Override
        public void onClick(View v)
        {
            mMediaPlayer.stop();
            playBtn.setEnabled(true);
        }
    }
}
```

说明：在同一个项目中，动态申请 SD 卡访问权限的代码只需要编写一次，不需要每个程序都进行权限申请。如果读者每次只完成一个案例，那么和例 3-2 一样，程序中需要加入权限申请的代码。本章后面的案例也是如此。同样还要在 AndroidManifest.xml 中设置权限。

3.2.2 应用视频播放器播放视频

VideoView 是系统自带的视频播放组件，自带进度条、暂停、播放等功能，使用起来十分简单，开发人员只需为组件设置好播放路径，判断监听是否就绪，就绪后直接播放视频即可。本小节使用 VideoView 显示视频，再配合使用 MediaController 控制视频的播放，不需要使用 MediaPlayer。默认情况下 MediaController 采用隐藏模式，用户触摸 VideoView 时才悬浮显示。

下面应用视频组件 VideoView 设计一个视频播放器，如图 3-8 所示。

图 3-8 视频播放器运行效果

【例 3-4】应用视频组件 VideoView 设计一个视频播放器。

例 3-4 演示视频

（1）创建一个 Activity 程序的控制文件 VideoActivity.java 和一个布局文件 activity_video.xml。

（2）准备好视频文件并将其复制到模拟器的 SD 卡中。

（3）设计布局文件 activity_video.xml，在 UI 布局中设置一个 VideoView 组件，用于显示视频图像，设置一个播放按钮。

布局文件 activity_video.xml 的组件和属性如图 3-9 所示。

图 3-9 布局的组件和属性

例 3-4 布局文件 activity_video.xml 源代码

（4）设计控制文件。

控制文件 VideoActivity.java 的源代码如下：

```
public class VideoActivity extends Activity
{
    private VideoView mVideoView;
```

```
    private Button playBtn;
    MediaController mMediaController;
    @Override
    public void onCreate(Bundle savedInstanceState)
    {
        super.onCreate(savedInstanceState);
        setContentView(R.layout.activity_video);
        mVideoView = (VideoView)findViewById(R.id.video);
        mMediaController = new MediaController(this);
        playBtn = (Button)findViewById(R.id.playBtn);
        playBtn.setOnClickListener(new mClick());
    }
    class mClick implements OnClickListener
    {
        @Override
        public void onClick(View v)
        {
            String path = Environment.getExternalStoragePublicDirectory
            (Environment.DIRECTORY_DOWNLOADS)+"/sample.3gp";
            mVideoView.setVideoPath(path);
            mMediaController.setMediaPlayer(mVideoView);
            mVideoView.setMediaController(mMediaController);
            mVideoView.start();
            playBtn.setEnabled(false);
        }
    }
}
```

3.3 录音与拍照

3.3.1 MediaRecorder 类

Android 系统提供了两种 API 用于实现录音功能：AudioRecord 和 MediaRecorder。MediaRecorder 已实现大量的封装，操作起来简单；而 AudioRecord 比较灵活，能实现更多的功能。下面侧重介绍 MediaRecorder。

MediaRecorder 类可以实现录音和录像，一般利用手机的麦克风采集音频信息，利用手机的摄像头采集图像信息，不建议在模拟器上运行。使用 MediaRecorder 类录音、录像时须严格遵守函数调用顺序，否则不能成功执行。

MediaRecorder 类已经集成了录音、编码、压缩等功能，直接调用相关接口即可，但它无法实时处理音频，输出的音频格式也不多，如不能输出 MP3 格式文件。

1. MediaRecorder 类的常用方法

MediaRecorder 类与录音相关的常用方法如表 3-3 所示。

表 3-3 MediaRecorder 类与录音相关的常用方法

方法	说明
MediaRecorder()	创建录制媒体对象
setAudioSource()	设置音频源
setAudioEncoder()	设置音频编码格式
setOutputFormat()	设置输出文件格式
setOutputFile()	设置输出文件路径
prepare()	准备录制
start()	开始录制
stop()	停止录制
reset()	重置
release()	释放录音占用的资源

2. MediaRecorder 对象的数据采集源

MediaRecorder 支持的常用音频源类型有 DEFAULT 和 MIC。

3.3.2 录音示例

应用 MediaRecorder 进行录音的主要步骤如下。

（1）创建录音对象。

```
MediaRecorder mRecorder = new MediaRecorder();
```

（2）设置录音对象。

- 设置音频源：mRecorder.setAudioSource(MediaRecorder.AudioSource.MIC)。
- 设置输出格式：mRecorder.setOutputFormat(MediaRecorder.OutputFormat.THREE_GPP)。
- 设置音频编码格式：mRecorder.setAudioEncoder(MediaRecorder.AudioEncoder.AMR_NB)。
- 设置输出文件路径：mRecorder.setOutputFile(path)。

（3）准备录制。

```
mRecorder.prepare();
```

（4）开始录制。

```
mRecorder.start();
```

（5）结束录制。

- 停止录制：mRecorder.stop()。
- 重置：mRecorder.reset()。
- 释放录音占用的资源：mRecorder.release()。

例 3-5　演示视频

【例 3-5】使用 MediaRecorder 类录音，输出 AMR 文件。

AMR 文件多用于记录人声，适合通话录音。设计一个录音的界面布局文件，为其设置两个按钮，一个按钮用于录音，另一个按钮用于停止录音。

（1）修改配置文件。在配置文件 AndroidManifest.xml 中增加音频捕获权限的语句。

```
<uses-permission android:name="android.permission.RECORD_AUDIO"/>
<uses-permission android:name="android.permission.WRITE_EXTERNAL_STORAGE"/>
```

（2）设计布局文件 activity_recorder.xml，在 UI 布局中设置两个按钮，分别表示开始录音和结束录音，如图 3-10 所示。

例 3-5　布局文件 activity_recorder.xml 源代码

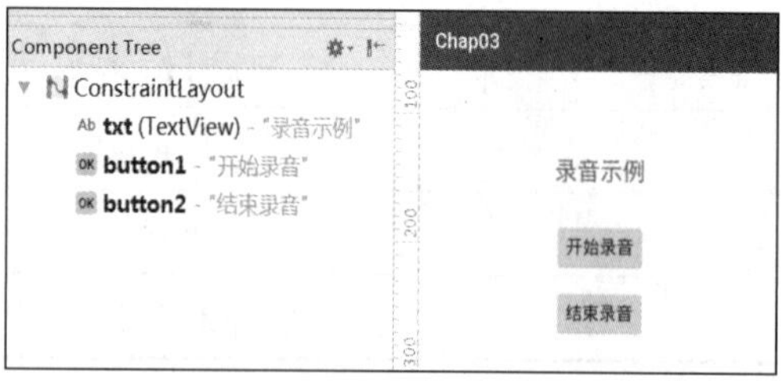

图 3-10　布局的组件、属性和效果

（3）设计控制文件 RecorderActivity.java。

控制文件 RecorderActivity.java 的源代码如下：

```
public class RecorderActivity extends Activity
{
    MediaRecorder mRecorder;
    Button startBtn, stopBtn;
    String path;
    // 存储权限
    private static final int REQUEST_EXTERNAL_STORAGE = 1;
    private static String[] PERMISSIONS_STORAGE = {
            Manifest.permission.READ_EXTERNAL_STORAGE,
            Manifest.permission.WRITE_EXTERNAL_STORAGE,
            Manifest.permission.RECORD_AUDIO
    };
    public static void verifyStoragePermissions(Activity activity) {
```

```
        // 检查是否有写入权限
        int permission = ActivityCompat.checkSelfPermission(activity,
                Manifest.permission.RECORD_AUDIO);
        if (permission != PackageManager.PERMISSION_GRANTED) {
            // 没有权限，因此提示用户
            ActivityCompat.requestPermissions(
                    activity,
                    PERMISSIONS_STORAGE,
                    REQUEST_EXTERNAL_STORAGE
            );
        }
    }
    @Override
    public void onCreate(Bundle savedInstanceState)
    {
        super.onCreate(savedInstanceState);
        verifyStoragePermissions(this);
        setContentView(R.layout.activity_recorder);
        path= Environment.getExternalStoragePublicDirectory(
                Environment.DIRECTORY_DOWNLOADS)+"/sound.amr";
        startBtn = (Button)findViewById(R.id.button1);
        stopBtn = (Button)findViewById(R.id.button2);
        startBtn.setOnClickListener(new mClick());
        stopBtn.setOnClickListener(new mClick());
    }

    class mClick implements OnClickListener
    {
        @Override
        public void onClick(View v)
        {
            if(v == startBtn)
                startRecordAudio(path);
            else if(v == stopBtn)
                stopRecord();
        }
    }
    void startRecordAudio(String path)
```

```
    {
        mRecorder=new MediaRecorder();
        mRecorder.setAudioSource(MediaRecorder.AudioSource.MIC);
        mRecorder.setOutputFormat(
                MediaRecorder.OutputFormat.THREE_GPP);
        mRecorder.setAudioEncoder(
                MediaRecorder.AudioEncoder.AMR_NB);
        mRecorder.setOutputFile(path);
        try {
           mRecorder.prepare();
        }catch (Exception e) {
           System.out.println("Recorder error ");
        }
        mRecorder.start();
    }
    void stopRecord()
    {
        mRecorder.stop();   //停止录制
        mRecorder.reset();  //重置
        mRecorder.release();//释放录音占用的资源
    }
}
```

3.3.3 拍照

有两种方式可以实现拍照功能：通过照相机服务（Camera 类）和通过 Intent。

- 通过 Camera 类实现拍照功能会比较复杂，但好处是可以构建功能更强大的 Camera 应用。
- 通过 Intent 实现拍照功能，编程很简单。

使用 android.hardware 包中的 Camera 类可以获取当前设备中的照相机服务接口，从而实现照相机的拍照功能。

1. 通过 Camera 类实现拍照

Camera 类的常用方法如表 3-4 所示。

表 3-4 Camera 类的常用方法

方法	说明
open()	创建一个照相机对象
getParameters()	获取 Camera.Parameters 对象的照相机参数

续表

方法	说明
setParameters(Camera.Parameters params)	设置照相机参数
setPreviewDisplay(SurfaceHolder holder)	设置取景预览
startPreview()	启动照片取景预览
stopPreview()	停止照片取景预览
release()	断开与照相机设备的连接，并释放资源
takePicture(Camera.ShutterCallback shutter, Camera.PictureCallback raw, Camera.PictureCallback jpeg)	进行照片拍摄

takePicture()方法有 3 个参数：shutter 是关闭快门事件的回调接口；raw 是获取照片事件的回调接口；jpeg 也是获取照片事件的回调接口。

2. 通过 Intent 实现拍照

通过 Intent 直接调用系统照相机实现拍照，只需要在 Intent 对象中传入相应的参数即可，总体来说需要以下 3 个步骤。

（1）创建 Intent 对象，涉及两个常量。

- MediaStore.ACTION_IMAGE_CAPTURE：用于拍照。
- MediaStore.ACTION_VIDEO_CAPTURE：用于录像。

完整的代码如下：

```
Intent intent=new Intent(MediaStore.ACTION_IMAGE_CAPTURE);
```

（2）启动拍照 Intent 对象。

使用 startActivityForResult()方法并传入上面的 Intent 对象之后，系统自带的照相机应用就会启动，用户可以用它来拍照或录像。

完整的代码如下：

```
startActivityForResult(intent,CAN_REQUEST);
```

（3）接收 Intent 结果。

用 onActivityResult()方法接收传回的图像，当用户拍完照片、录完像或直接取消后，系统会调用该方法。

【例 3-6】使用 Intent 设计一个简易照相机。

设计一个简易照相机，能预览拍摄的景物并拍照。

（1）设计 UI 布局文件 camera.xml，如图 3-11 所示，在界面中设置“拍照”按钮，再设置一个 ImageView 组件用于显示照片。

例 3-6 演示视频

例 3-6　布局文件 camera.xml 源代码

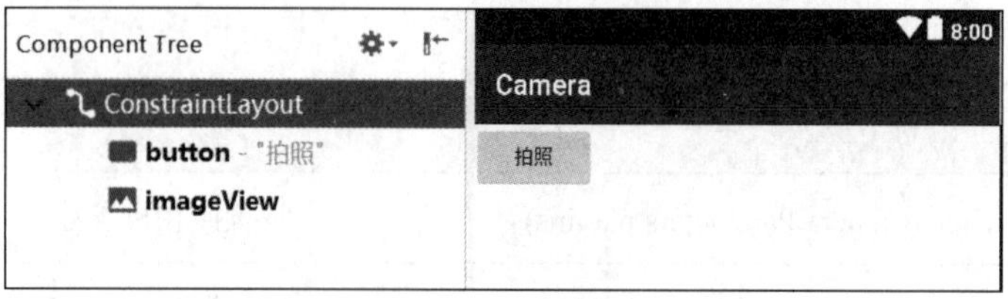

图 3-11　界面设计

布局文件 camera.xml 的源代码如下：

```
<?xml version="1.0" encoding="utf-8"?>
<androidx.constraintlayout.widget.ConstraintLayout
    xmlns:android="http://schemas.android.com/apk/res/android"
    xmlns:tools="http://schemas.android.com/tools"
    android:layout_width="match_parent"
    android:layout_height="match_parent">
    <Button
        android:id="@+id/button"
        android:layout_width="wrap_content"
        android:layout_height="wrap_content"
        android:text="拍照"
        tools:ignore="MissingConstraints" />
    <ImageView
        android:layout_width="match_parent"
        android:layout_height="match_parent"
        android:id="@+id/imageView"
        android:scaleType="centerCrop"/>
</androidx.constraintlayout.widget.ConstraintLayout>
```

（2）设计控制文件 CameraActivity.java，通过 Intent 实现拍照，源代码如下：

```
public class CameraActivity extends AppCompatActivity {
    Button btn;
    ImageView img;
    private static final int CAN_REQUEST=1313;//请求码，用于标识请求来源
    @Override
    protected  void onCreate(Bundle savedInstanceState){
        super.onCreate(savedInstanceState);
        setContentView(R.layout.camera);
        btn=(Button)findViewById(R.id.button);
        img=(ImageView)findViewById(R.id.imageView);
        btn.setOnClickListener(new btnTakePhotoClicker());
```

```
    }
    //接收传回的图像
    @Override
    protected void onActivityResult(int requestCode,
                                    int resultCode,Intent data){
        super.onActivityResult(requestCode,resultCode,data);
        if(requestCode==CAN_REQUEST){
            Bitmap bitmap=(Bitmap) data.getExtras().get("data");
            img.setImageBitmap(bitmap);
        }
    }
    class btnTakePhotoClicker implements Button.OnClickListener{
        @Override
        public void onClick(View view) {
            Intent intent=new Intent(MediaStore.ACTION_IMAGE_CAPTURE);
            startActivityForResult(intent,CAN_REQUEST);}
    }
}
```

程序的运行效果如图 3-12 所示。

图 3-12　程序在模拟器上的运行效果

3.4　实战演练——音乐播放器

第 3 章　实战演练

修改例 3-2 中的音乐播放器，加入进度条（SeekBar）功能和退出（Quit）功能。修改后的音乐播放器界面样式如图 3-13 所示。功能如下：

（1）播放/暂停、停止、退出功能；

（2）进度条显示播放进度，拖动进度条可改变播放进度。

图 3-13　界面样式

提示：进度条功能的实现。

进度条的功能包括显示歌曲播放进度，以及拖动进度条至任意位置来改变播放进度，由于 Android 已经封装好了相关方法，所以直接调用就行，具体实现步骤如下。

（1）添加成员变量：SeekBar seekBar、MediaPlayer mediaPlayer、boolean isSeekBarChanging。

（2）然后在 onCreate()方法中加入进度条的功能代码。

```
seekBar = (SeekBar) findViewById(R.id.seekBar);
mediaPlayer.setOnPreparedListener(new MediaPlayer.OnPreparedListener() {
        @Override
        public void onPrepared(MediaPlayer mp) {
            seekBar.setMax(mp.getDuration());
        }
    });
seekBar.setOnSeekBarChangeListener(new SeekBar.OnSeekBarChangeListener()
    {
    @Override
    public void onProgressChanged(SeekBar seekBar,int progress,boolean
                                  fromUser) {
    }
    @Override
    public void onStartTrackingTouch(SeekBar seekBar) {
        isSeekBarChanging = true;
    }
    @Override
    public void onStopTrackingTouch(SeekBar seekBar) {
        isSeekBarChanging = false;
```

```
        mediaPlayer.seekTo(seekBar.getProgress());
    }
});
```

（3）最后加入以下功能：媒体播放器处于播放状态时，使用一个 Timer 定时器对象实时获取音乐的播放进度，并刷新进度条的状态。

```
Timer timer = new Timer();
timer.schedule(new TimerTask() {
    @Override
    public void run() {
        if (!isSeekBarChanging){
            seekBar.setProgress(mediaPlayer.getCurrentPosition());
        }
    }
},0,50);
```

思维导图

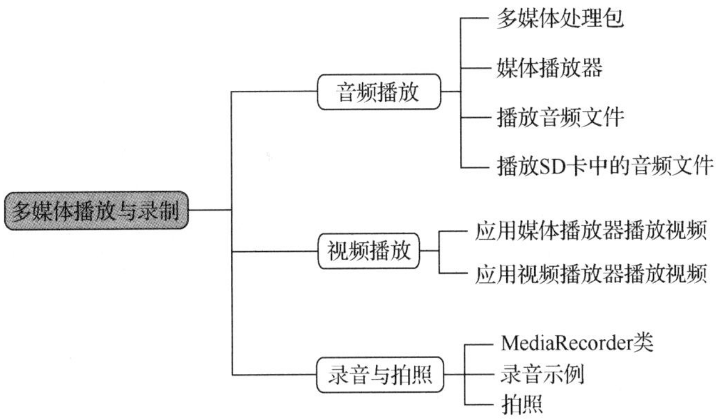

本章小结

- Android 提供的多媒体包 android.media 可处理图片、音频、视频等多媒体文件，也可操控录音、摄像设备。
- 媒体播放器（MediaPlayer）用于控制音频文件和视频文件的播放。文件存放的位置不同，则 MediaPlayer 调用文件的方式也不同。
- 播放应用程序中的音频文件。简单使用 create()方法即可创建 MediaPlayer 对象，不需要进行 setDataSource()初始化以及 prepare()同步操作。
- 播放存储在 SD 卡中的多媒体文件，步骤比较复杂。

① 调用 new()方法创建 MediaPlayer 对象，调用 setDataSource()方法设置多媒体数据来源，然后调用 prepare()完成同步操作。

② 在 AndroidManifest.xml 中注册 SD 卡读写权限，在程序中加入向用户动态申请 SD 卡读写权限的代码。

- 视频播放的方法有两种。

① MediaPlayer+SurfaceView。

② MediaController+VideoView。

第一种方法是基础方法；第二种方法更简便，封装了进度条、暂停、播放等功能。

- Android 提供了 MediaRecorder 类来实现视频和音频的录制功能，操作简单、代码量小。照相机服务（Camera 类）和 Intent 都可实现拍照功能，Intent 的编程比较简单，Camera 的编程更复杂但是可构建的功能更多。

第4章 广播与服务

第 4 章　本章知识

学习目标

- 掌握广播的收发机制
- 掌握系统服务的调用方法
- 掌握通过 Intent 调用系统功能的方法
- 掌握后台服务的实现方法

广播（Broadcast）是一种应用程序之间传递消息的机制，如电池电量低时会发送一条提示广播。要过滤并接收广播中的消息，需要使用广播接收器（BroadcastReceiver），通过广播接收器可以监听系统中的广播消息，实现不同组件之间的通信。

服务（Service）是一个长期运行在后台的组件，没有 UI。即使切换到另一个应用程序，服务也可以在后台运行，因此服务更适合需要执行一段时间而又不需要显示界面的后台操作，如下载数据、播放音乐等。

广播和服务时常出现在同一个应用场景。

Android 有许多标准的系统服务和系统功能，程序员需要了解它们的调用方法。

本章共有 5 个案例。

4.1 消息广播

在 Android 中，有一些操作完成以后会发送广播，如发出一条短信或打出一个电话，如果某个应用程序接收了这个广播，就会做相应的处理。这个“广播”跟传统意义上的电台广播有相似之处。之所以叫作广播，就是因为它只负责“说”，而不管接收者“听不听”，也不管接收者如何处理。另外，广播可以被不止一个应用程序接收，当然也可以不被任何应用程序接收。

1. 广播机制三要素

（1）广播（Broadcast）：是一种运用在应用程序之间传递消息的机制。

（2）广播接收器（BroadcastReceiver）：用于接收广播，是对发出来的广播进行过滤、接收、响应的组件。

（3）意图（Intent）：用于发送广播，传送相关消息。

2. 广播的功能和特征

（1）广播的生命周期很短：调用对象→实现 onReceive()→结束。从实现的复杂度和代码量来看，广播无疑是非常“迷你”的 Android 组件，往往只需几行代码即可实现。广播对象被构造出来后通常只执行 BroadcastReceiver 的 onReceive()方法，便结束了其生命周期。

（2）和所有组件相似，广播对象也是在应用进程的主线程中被构造的，所以广播对象的执行必须是同步且快速的。不推荐在广播对象里面创建子线程，因为往往线程还未结束，广播对象就已经执行完并被系统销毁。

（3）每次广播到来时会重新创建 BroadcastReceiver 对象，并且调用 onReceive()方法，执行后该对象即被销毁。

3. 实现广播和接收广播的步骤

（1）创建 Intent 对象。

```
Intent intent = new Intent(this, TestReceiver.class);
```

（2）编写需要广播的消息内容，将需要广播的消息封装到 Intent 中，通过 Activity 或 Service 继承其父类 Context 的 sendBroadcast()方法，将 Intent 广播出去。

```
//以键值对形式封装广播消息内容
intent.putExtra("hello", "这是广播消息！")
sendBroadcast(intent);
```

Intent 对象可以直接保存数据，但如果数据较多，则使用 Bundle 与 Intent 配合，会使得程序的逻辑更清晰。

（3）编写一个继承 BroadcastReceiver 类的子类作为广播接收器，该对象是接收广播消息并对消息进行处理的组件。在子类中重写接收广播消息的 onReceive()方法。

```
class TestReceiver extends BroadcastReceiver
{
    @Override
    public void onReceive(Context context, Intent intent)
    {
    /*  接收广播消息并对消息做出响应的代码 */
    }
}
```

（4）在配置文件 AndroidManifest.xml 中注册广播接收器。

```
<receiver android:name=".TestReceiver"
    android:enabled="true"
    android:exported="true" />
```

（5）销毁广播接收器。系统在执行 onReceive()方法时会启动一个程序计时器，在一定时间内广播接收器会被销毁。因此，广播机制不适合传递数据量大的消息。

【例 4-1】设计一个简单的消息广播程序。

例 4-1　演示视频

设计一个消息广播程序，可以只设计一个界面。点击“发送广播”按钮后，程序调用 sendBroadcast()方法把消息广播出去；再设计一个广播接收器，一旦收到消息，广播接收器就把消息显示到指定的界面。

程序运行效果如图 4-1 所示。

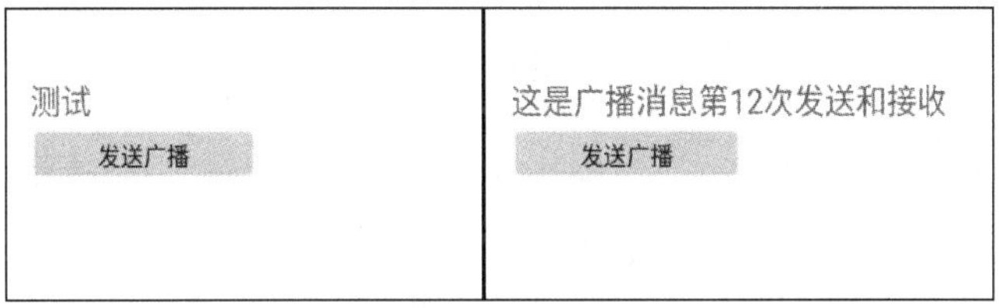

图 4-1　简单的消息广播程序运行效果

（1）新建项目 Chap04。

（2）设计布局文件 activity_broad.xml，设置文字提示和一个“发送广播”按钮。

布局文件 activity_broad.xml 的源代码如下：

```
<?xml version="1.0" encoding="utf-8"?>
<LinearLayout xmlns:android="http://schemas.android.com/apk/res/android"
    android:layout_width="match_parent"
    android:layout_height="match_parent"
    android:orientation="vertical"
    android:layout_marginTop="50dp"
    android:layout_marginLeft="20dp">
    <TextView
        android:id="@+id/txt"
        android:layout_width="wrap_content"
        android:layout_height="wrap_content"
        android:text="测试"
        android:textSize="24sp"/>
    <Button
        android:id="@+id/send"
        android:layout_width="178dp"
        android:layout_height="40dp"
        android:text="发送广播"
        android:textSize="18sp" />
</LinearLayout>
```

（3）设计控制文件 BroadActivity.java。

控制文件 BroadActivity.java 的源代码如下：

```
public class BroadActivity extends Activity
        implements View.OnClickListener
{
    static TextView txt;
    Button btn;
    int num;
    @Override
    public void onCreate(Bundle savedInstanceState)
    {
        super.onCreate(savedInstanceState);
        setContentView(R.layout.activity_broad);
        txt = (TextView)findViewById(R.id.txt);
        btn=(Button)findViewById(R.id.send);
        btn.setOnClickListener(this);
    }
    @Override
    public void onClick(View v)
    {
        Intent intent = new Intent(this, TestReceiver.class);
        Bundle bundle = new Bundle();
        num++;
        String msg="这是广播消息第"+Integer.toString(num)+"次发送";
        bundle.putString("count",msg);
        intent.putExtras(bundle);
       sendBroadcast(intent);//发送广播消息
    }
}
```

（4）设计广播接收器 TestReceiver.java。

广播接收器 TestReceiver.java 的源代码如下：

```
//定义广播接收器
public class TestReceiver extends BroadcastReceiver
{
    @Override
    public void onReceive(Context context, Intent intent)
    {
            String str = intent.getExtras().getString("count");
            BroadActivity.txt.setText(str+"和接收");//显示接收到的消息
```

```
            Log.i("info",str+"和接收");
        }
    }
```

（5）在配置文件 AndroidManifest.xml 中，注册对应的广播接收类。

```
<!-- 注册对应的广播接收类 -->
<receiver android:name=".TestReceiver"
      android:enabled="true"
      android:exported="true" />
</application>
```

4.2 Android 的系统服务

Android 有许多标准系统服务（SystemService），如窗口管理服务（WindowManager），通知管理服务（NotificationManager）、振动管理服务（Vibrator）、电池管理服务（BatteryManager）等，程序员需要了解这些标准系统服务的使用方式。

下面用 Vibrator 来介绍系统服务是怎样建立的。

Vibrator 是一个抽象类，有以下 4 个抽象方法。

- abstract void cancel()：取消振动。
- abstract boolean hasVibrator()：判断是否有振动功能。
- abstract void vibrate(long[] pattern, int repeat)：按节奏重复振动。
- abstract void vibrate(long milliseconds)：持续振动。

程序中使用 Vibrator 的方法，例如，让手机持续振动 500ms，代码如下：

```
Vibrator mVibrator = (Vibrator) getSystemService(Context.VIBRATOR_SERVICE);
mVibrator.vibrate(500);
```

4.2.1 常见的系统服务

Android 系统提供了大量的系统服务，用于实现不同的功能，部分系统服务如表 4-1 所示。

表 4-1 Android 的部分系统服务

系统服务名称	系统服务管理器	作用
WINDOW_SERVICE	WindowManager	窗口管理服务
LAYOUT_INFLATER_SERVICE	LayoutInflater	布局管理服务
ACTIVITY_SERVICE	ActivityManager	Activity 管理服务
POWER_SERVICE	PowerManager	电源管理服务
ALARM_SERVICE	AlarmManager	系统闹钟服务

续表

系统服务名称	系统服务管理器	作用
NOTIFICATION_SERVICE	NotificationManager	通知管理服务
DOWNLOAD_SERVICE	DownloadManager	下载管理服务
LOCATTON_SERVICE	LocationManager	基于地图的位置服务
SEARCH_SERVICE	SearchManager	搜索服务
VIBRATOR_SERVICE	Vibrator	振动管理服务
CONNECTIVITY_ SERVICE	Connectivity	网络连接服务
WIFI_SERVICE	Wifi	WiFi 连接服务
INPUT_ METHOD_SERVICE	InputMethodManager	输入法管理服务
AUDIO_SERVICE	Audio	音频管理服务
ACCOUNT_SERVICE	AccountManager	所有账号的管理服务

系统服务实际上可以看作一个对象，通过 Activity 类的 getSystemService()方法可以获得指定对象（系统服务）。下面介绍两个常见的系统服务。

1．系统通知服务

系统通知服务（Notification），也叫状态栏消息通知服务，是一种具有全局效果的通知，在手机屏幕顶端的状态栏中显示。当应用程序向系统发出通知时，它先以图标的形式显示在状态栏中，用户下拉状态栏可以查看通知的详细信息。

Notification 提供了文字、声音和振动等属性，表 4-2 列出了 Notification 的部分属性。

表 4-2　Notification 的部分属性

属性	说明
audioStreamType	所用的音频流类型
contentIntent	设置点击通知条目所执行的 Intent
contentView	设置状态栏显示通知的视图
defaults	设置成默认值
deleteIntent	删除通知所执行的 Intent
icon	设置状态栏上显示的图标
iconLevel	设置状态栏上显示图标的级别
ledARGB	设置 LED 的颜色

续表

属性	说明
ledOffMS	设置关闭 LED 时的闪烁时间（以 ms 计算）
ledOnMS	设置开启 LED 时的闪烁时间（以 ms 计算）
sound	设置通知的声音文件
tickerText	设置状态栏上显示的通知内容
vibrate	设置振动模式
when	设置通知发送的时间

Notification 主要涉及 Notification.Builder()方法和 NotificationManager 类。

创建一个系统通知服务分为以下 3 个步骤。

（1）获取 NotificationManager 对象。

通知管理服务 NotificationManager 负责管理通知与发布通知。

调用 getSystemService(NOTIFICATION_SERVICE)创建 NotificationManager 对象：

```
NotificationManager n_Manager  =
(NotificationManager)getSystemService(NOTIFICATION_SERVICE);
```

（2）通过 NotificationCompat.Builder()创建一个通知对象并设置相关属性。

（3）发送通知。调用 NotificationManager 对象的 notify()方法把通知发送到状态栏，调用 cancelAll()方法取消目前显示的所有通知。

【例 4-2】在状态栏显示 Notification。

Notification 程序的运行效果如图 4-2 所示。

（1）设计布局文件 notification.xml，为其设置两个按钮，名称分别为“发送系统通知”和“删除通知”。布局的组件和属性如图 4-3 所示。

例 4-2　演示视频

图 4-2　系统通知服务程序的运行效果

例 4-2　布局文件 notification.xml 源代码

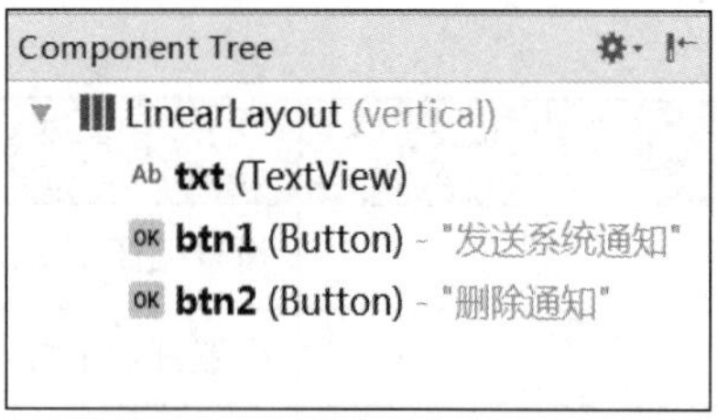

图 4-3　布局的组件和属性

（2）设计控制文件 NotificationActivity.java。

控制文件 NotificationActivity.java 的源代码如下：

```
public class NotificationActivity extends Activity implements OnClickListener
{
    NotificationManager nManager;
    Button btn1, btn2;
    @Override
    public void onCreate(Bundle savedInstanceState)
    {
        super.onCreate(savedInstanceState);
        setContentView(R.layout.notification);
        String service = NOTIFICATION_SERVICE;
        nManager= (NotificationManager)getSystemService(service);
        btn1=(Button)findViewById(R.id.btn1);
        btn1.setOnClickListener(this);
        btn2=(Button)findViewById(R.id.btn2);
        btn2.setOnClickListener(this);
    }
    @Override
    public void onClick(View arg0)
    {
        if(arg0==btn1)
            showNotification(this);
        else if(arg0==btn2)
            nManager.cancelAll();
    }
    /*
     * 显示一个普通的通知
     */
    public void showNotification(Context context) {
```

```
        //Android 新版本需开启渠道 NotificationChannel，通知才能正常弹出
        if(Build.VERSION.SDK_INT >= Build.VERSION_CODES.O){
            NotificationChannel notificationChannel =
                    new NotificationChannel(
                    "channel-id",
                    "channel-name",
                    NotificationManager.IMPORTANCE_HIGH);
            nManager.createNotificationChannel(notificationChannel);
        }
        //Android 新版本在 Builder()中多加了一个参数 channel-id
        NotificationCompat.Builder builder =
                new NotificationCompat.Builder(context,"channel-id");
        builder.setSmallIcon(R.drawable.ic_con2) //设置小图标
                .setLargeIcon(BitmapFactory.decodeResource(
                        context.getResources(),R.drawable.ic_con))//设置大图标
                .setContentTitle("这是一个通知的标题")
                .setContentText("这是一个通知的内容这是一个通知的内容")
                .setWhen(System.currentTimeMillis()) //通知产生的时间
                .setAutoCancel(true);//可取消
        nManager.notify(0,builder.build());
    }
}
```

注意：Android 新版本在 Builder()中多加了一个参数 channel-id。

2. 系统定时服务

系统定时服务（AlarmManager）又称为系统闹钟服务，可以为应用程序设定一个在未来某个时间唤醒的功能，在到达设定的时间后会广播一个 Intent 消息。闹钟响起，实际上是系统发出了注册这个闹钟的广播，可自动开启目标应用。注册的闹钟在设备休眠的时候仍然会保留，可以选择性地设置是否唤醒设备。

AlarmManager 常用的属性如表 4-3 所示。

表 4-3　AlarmManager 常用的属性

属性	说明
ELAPSED_REALTIME	设置闹钟时间，从系统启动开始
ELAPSED_REALTIME_WAKEUP	设置闹钟时间，从系统启动开始。如果设备休眠，则唤醒
INTERVAL_ DAY	设置闹钟时间，间隔一天
INTERVAL_FIFTEEN_MINUTES	设置闹钟时间，间隔 15min

续表

属性	说明
INTERVAL_HALF_DAY	设置闹钟时间，间隔 12h
INTERVAL_HALF_HOUR	设置闹钟时间，间隔 30min
INTERVAL_HOUR	设置闹钟时间，间隔 1h
RTC	设置闹钟时间，从系统当前时间开始
RTC_WAKEUP	设置闹钟时间，从系统当前时间开始。如果设备休眠，则唤醒

AlarmManager 常用的方法如下。

（1）set(int type,long triggerAtMillis,PendingIntent operation)：设置在某个时间执行闹钟。

（2）setRepeating(int type, long triggerAtMillis,long intervalMills,PendingIntent operation)：设置在某个时间重复执行闹钟。

（3）cancel(PendingIntent)：取消闹钟。

AlarmManager 的使用步骤如下。

（1）获得 AlarmManager 实例。

```
AlarmManager am=(AlarmManager)getSystemService(ALARM_SERVICE);
```

（2）定义一个 PendingIntent 来发出广播。

（3）调用 AlarmManager()方法，设置定时或重复提醒。

（4）取消提醒：将所有与这个 PendingIntent 相同的 Alarm 全部取消。Android 使用 intent.filterEquals()判断两个 PendingIntent 的 action、data、type、class 和 category 是否完全相同。

延迟意图（PendingIntent）可以被理解为特殊的异步处理机制，PendingIntent 必须和 Intent 对象相关联，否则无法指定要激活的目标组件。

例 4-3　演示视频

【例 4-3】AlarmManager 示例。

AlarmManager 主要有两种应用：在指定时间后执行某项操作；周期性地执行某项操作。下面通过示例说明这两种应用，程序的运行效果如图 4-4 所示。

（1）设计布局文件 alarmmanager.xml。布局的组件和属性如图 4-5 所示。

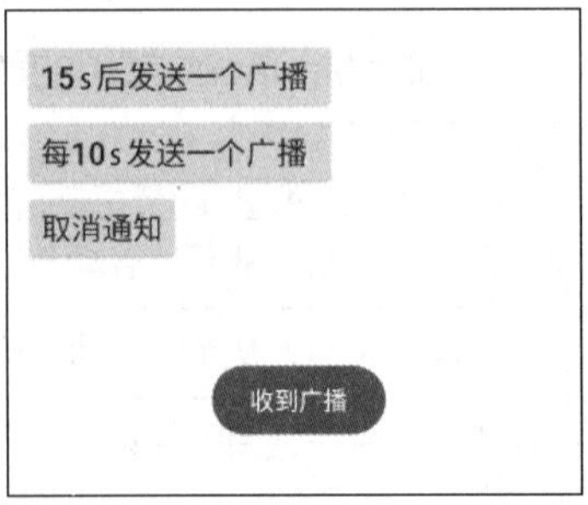

图 4-4　AlarmManager 运行效果

图 4-5 布局的组件和属性

例 4-3 布局文件 alarmmanager.xml 源代码

（2）定义广播接收器 AlarmReceiver.java。

广播接收器 AlarmReceiver.java 的源代码如下：

```
public class AlarmReceiver extends BroadcastReceiver {
    @Override
    public void onReceive(Context context, Intent intent) {
        Toast.makeText(context, "收到广播", Toast.LENGTH_LONG).show();
    }
}
```

（3）在配置文件 AndroidManifest.xml 中定义广播接收类。

```
<receiver android:name=".AlarmReceiver"
    android:enabled="true"
    android:exported="true">
```

（4）修改控制文件，添加事件处理。

控制文件 AlarmManagerActivity.java 的源代码如下：

```
public class AlarmManagerActivity extends Activity
{
    Button btn1, btn2, btn3;
    Intent intent;

    @Override
    public void onCreate(Bundle savedInstanceState)
    {
        super.onCreate(savedInstanceState);
        setContentView(R.layout.alarmmanager);
        btn1=(Button)findViewById(R.id.btn1);
        btn1.setOnClickListener(new mClick());
        btn2=(Button)findViewById(R.id.btn2);
        btn2.setOnClickListener(new mClick());
        btn3=(Button)findViewById(R.id.btn3);
        btn3.setOnClickListener(new mClick());
```

```
    }
    class mClick implements OnClickListener
    {
        @Override
        public void onClick(View v)
        {
            switch (v.getId())
            {
                case R.id.btn1:
                    timing(); break;
                case R.id.btn2:
                    cycle(); break;
                case R.id.btn3:
                    cancel(); break;
            }
        }
    }
    void  timing()//定时发送一个广播
    {
        intent = new Intent(this, AlarmReceiver.class);
        intent.setAction("once");
        PendingIntent sender = PendingIntent.getBroadcast(this, 0, intent, 0);
        Calendar calendar = Calendar.getInstance();
        calendar.setTimeInMillis(System.currentTimeMillis());
        calendar.add(Calendar.SECOND, 15);  //设定一个 15s 后的时间
        AlarmManager alarm=(AlarmManager)getSystemService(ALARM_SERVICE);
        alarm.set(AlarmManager.RTC_WAKEUP, calendar.getTimeInMillis(),
              sender);
        Toast.makeText(this, "15s 后闹钟开启",
              Toast.LENGTH_LONG).show();
    }
    void cycle()//循环发送广播
    {
        Intent intent =new Intent(this, AlarmReceiver.class);
        intent.setAction("repeating");
        PendingIntent sender = PendingIntent.getBroadcast(this,0,intent,0);
```

```
        /*  计时开始的时间  */
        long firstime=SystemClock.elapsedRealtime();
        AlarmManager am=(AlarmManager)getSystemService(ALARM_SERVICE);
       /*  10s一个周期，发送广播  */
        am.setRepeating(AlarmManager.ELAPSED_REALTIME_WAKEUP ,
                firstime, 10*1000, sender);
    }
    void cancel()//取消发送
    {
        Intent intent =new Intent(this, AlarmReceiver.class);
        intent.setAction("repeating");
        PendingIntent sender=PendingIntent
                .getBroadcast(this, 0, intent, 0);
        AlarmManager alarm=(AlarmManager)getSystemService(ALARM_SERVICE);
        alarm.cancel(sender);
    }
}
```

4.2.2 系统功能的调用

我们在前文中学习了应用 Intent 进行参数传递和页面跳转，可以看到 Intent 是 Android 中非常重要的组件。Intent 提供了一种通用的消息系统，它可以作为联系 Activity 的纽带，也可以传递数据，完成较为复杂的操作。

标准的系统功能也需要通过 Intent 来调用。例如，调用拨号功能、处理接收的短信等。要通过 Intent 调用系统功能，需要了解 Intent 的 Action 属性。

下面列举几个 Action 属性。

（1）Intent.ACTION_MAIN。

String: android.intent.action.MAIN

标识 Activity 为一个程序的开始。

（2）Intent.ACTION_CALL。

String: android.intent.action.CALL

呼叫指定的电话号码。

（3）Telephony.SMS_RECEIVED。

String: android.provider.Telephony.SMS_RECEIVED

接收短信。

Android 的系统功能数量较多，篇幅有限，在此不一一列举。该如何完成系统功能的调用呢？表 4-4 列举了部分系统功能的调用示范。

表 4-4　部分系统功能及调用示范语句

系统功能	调用示范语句
浏览网页	Uri uri =Uri.parse("http://www.baidu.com"); Intent it = new Intent(Intent.ACTION_VIEW,uri); startActivity (it);

搜索内容	Intent intent = new Intent();
	intent.setAction(Intent.ACTION_WEB_SEARCH);
	intent.putExtra(SearchManager.QUERY, "search String");
	startActivity(intent);

显示地图	Uri uri=Uri. parse("geo:38899533-77.036476"); Intent it=new Intent(Intent. ACTION_VIEW, uri) startActivity (it);
路径规划	Uri uri =Uri.parse("http://map.baidu.com"); Intent it= new Intent(Intent. ACTION_VIEW, uri); startActivity(it);
拨打电话	Uri uri=Uri.parse("tel:1890100"); Intent it=new Intent(Intent.ACTION_DIAL, uri); startActivity(it);
发送短信	Uri uri=Uri.parse("smsto: 0800000123"); Intent it = new Intent(Intent. ACTION_SENDTO, uri); it.putExtra("sms body", "The SMS text"); startActivity (it);
发送邮件	Uri uri =Uri.parse("mailto:me@abc.com"); Intent it=new Intent(Intent. ACTION_SENDTO, uri); startActivity(it);

	Intent it = new Intent(Intent.ACTION_SEND);
	it.putExtra(Intent.EXTRA_EMAIL,"me@abc.com");
	it.putExtra(Intent.EXTRA_TEXT,"The email body text");
	it.setType("text/plain");
	startActivity(Intent. createChooser(it,"Choose Email Client"));

打开录音机	Intent it = new Intent(Media. RECORD_SOUND_ACTION); startActivity(it);

【例 4-4】调用系统的拨打电话功能。

本案例仅设置一个“拨打电话”按钮，在按钮的事件中添加拨打电话的代码，点击按钮后进入系统的拨打电话界面。

（1）设计布局文件 activity_action.xml，布局的组件和属性如图 4-6 所示。

例 4-4 演示视频

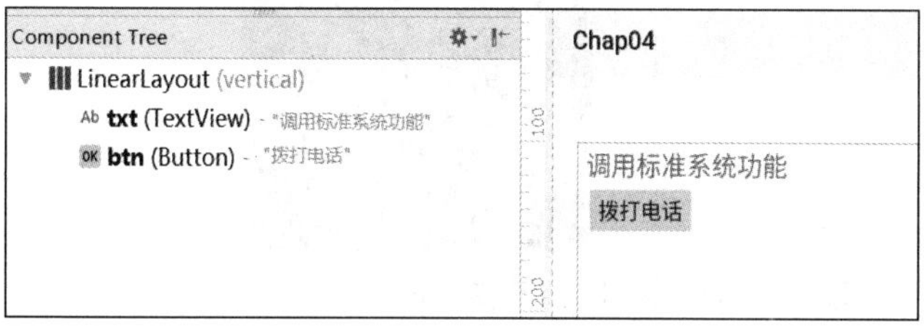

图 4-6 布局的组件和属性

例 4-4 布局文件 activity_action.xml 源代码

（2）编写调用拨打电话系统功能的控制文件 ActionActivity.java。

控制文件 ActionActivity.java 的源代码如下：

```
public class ActionActivity extends Activity
{
    Button btn_sms;
    @Override
    public void onCreate(Bundle savedInstanceState)
    {
        super.onCreate(savedInstanceState);
        setContentView(R.layout.activity_action);
        btn_sms=(Button)findViewById(R.id.btn);
        btn_sms.setOnClickListener(new mClick());
    }
    class mClick implements OnClickListener
    {
        @Override
        public void onClick(View arg0)
        {
            Uri uri=Uri.parse("tel:1890100");
            Intent it=new Intent(Intent.ACTION_DIAL, uri);
            startActivity(it);
        }
    }
}
```

运行效果如图 4-7 所示。

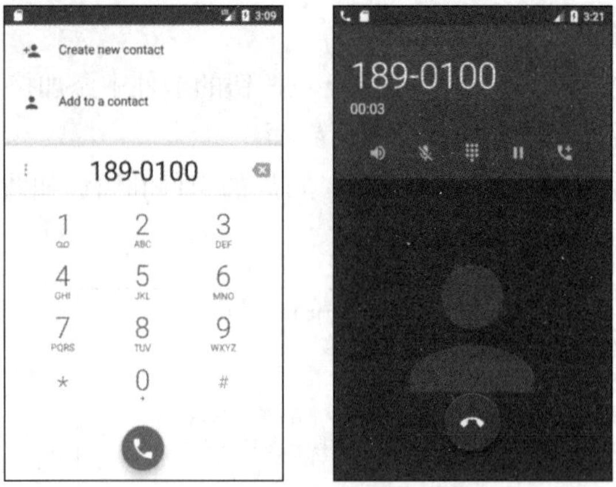

图 4-7　调用拨打电话系统功能

4.3 后台服务

后台服务（Service）是一种类似于 Activity 的组件，但 Service 没有用户操作界面，也不能自启动，其主要作用是在后台工作。Service 不像 Activity 那样，当用户关闭应用界面时就停止运行，它会一直在后台运行，除非明确命令其停止。例如，把音乐播放代码写到后台服务代码里面，那么不论前台中哪一个应用程序在运行，音乐都可以连续播放。

通常使用 Service 为应用程序提供一些只需在后台运行的服务或不需要界面的功能，如从互联网下载文件、控制视频播放器等。

Service 的生命周期只有 3 个阶段，即创建、启动、销毁。

其常用方法如表 4-5 所示。

表 4-5　Service 的生命周期的常用方法

方法	说明
onCreate()	创建后台服务
onStartCommand(Intent intent,int flags,int startId)	启动一个后台服务
onDestroy()	销毁后台服务，并删除所有调用
sendBroadcast(Intent intent)	继承父类 Context 的 sendBroadcast()方法，实现发送广播功能
onBind(Intent intent)	与服务信道进行绑定
onUnbind(Intent intent)	撤销与服务信道的绑定

通常 Service 要在一个 Activity 中启动，其启动模式有两种：startService()和 bindService()。这里只讨论 startService()启动模式。

Activity 通过 startService()启动服务，服务会长期在后台运行，并且服务的状态与开启者无关，即使启动服务的组件已经被销毁，服务也依旧会运行。

调用 startService()方法启动 Service 后，若要停止 Service，则需调用 stopService()方法。startService()和 stopService()方法均继承于 Activity 及 Service 共同的父类 android.content.Context。

一个服务只能创建一次，销毁一次，但可以启动多次，即 onCreate()和 onDestroy()方法只会被调用一次，而 onStartCommand()方法可以被调用多次。

后台服务的具体操作一般应该放在 onStartCommand()方法中。如果 Service 已经启动，当再次启动 Service 时，则不调用 onCreate()，直接调用 onStartCommand()。

设计一个后台服务的应用程序大致有以下几个步骤。

（1）创建 Service 的子类。

- 重写 onCreate()方法，创建后台服务。
- 重写 onStartCommand()方法，启动后台服务。
- 重写 onDestroy()方法，销毁后台服务，并删除所有调用。

（2）创建启动和控制 Service 的 Activity。

- 创建 Intent 对象，建立 Activity 与 Service 的关联。
- 调用 Activity 的 startSevice(Intent)方法启动后台服务。
- 调用 Activity 的 stopService(lntent)方法关闭后台服务。

（3）修改配置文件 AndroidManifest.xml。

在配置文件 AndroidManifest.xml 的<application>标签中添加以下代码：

```
<service android:enabled="true" android:name=".后台服务程序" />
```

【例 4-5】设计一个简单的后台音乐服务程序。

本案例将通过一个按钮启动后台服务，在服务程序中播放音乐文件，演示服务程序的创建、启动，再通过另一个按钮关闭后台服务，演示服务程序的销毁过程。

例 4-5 演示视频

运行效果如图 4-8 所示。

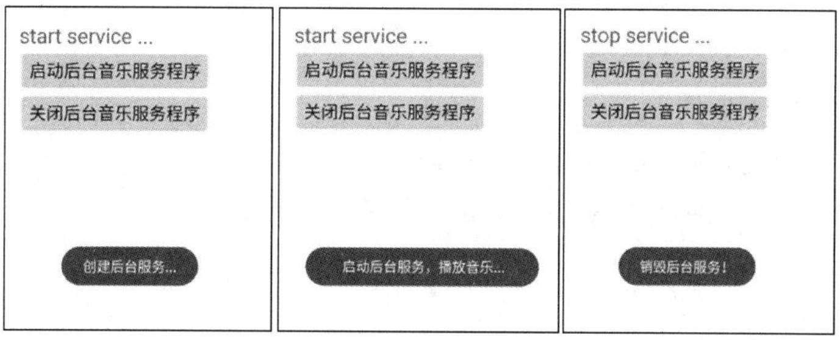

图 4-8 后台音乐服务程序的运行效果

（1）将音频文件 abc.mp3 复制到应用程序的资源目录 res/raw 下。

（2）设计界面布局文件 activity_main.xml。

布局文件 activity_main.xml 的源代码如下：

```
<?xml version="1.0" encoding="utf-8"?>
<LinearLayout xmlns:android="http://schemas.android.com/apk/res/android"
    android:layout_width="fill_parent"
```

```
    android:layout_height="fill_parent"
    android:orientation="vertical"
    android:layout_marginTop="50dp"
    android:layout_marginLeft="20dp"
    >
    <TextView
        android:id="@+id/txt"
        android:layout_width="fill_parent"
        android:layout_height="wrap_content"
        android:text=""
        android:textSize="24sp"/>

    <Button
        android:id="@+id/btn1"
        android:layout_width="wrap_content"
        android:layout_height="wrap_content"
        android:text="启动后台音乐服务程序"
        android:textSize="20sp" />
    <Button
        android:id="@+id/btn2"
        android:layout_width="wrap_content"
        android:layout_height="wrap_content"
        android:text="关闭后台音乐服务程序"
        android:textSize="20sp" />
</LinearLayout>
```

（3）创建服务程序文件 MusicService.java。

服务程序文件 MusicService.java 的源代码如下：

```
public class MusicService extends Service {
    MediaPlayer play;

    @Override
    public IBinder onBind(Intent intent)
    {
        return null;
    }

    @Override
```

```
    public void onCreate()
    {
        super.onCreate();
        //创建调用音频文件的对象
        play= MediaPlayer.create(this, R.raw.abc);
        //设置循环播放
        play.setLooping(true);
        Toast.makeText(this, "创建后台服务...", Toast.LENGTH_LONG).show();
    }

    @Override
    public int onStartCommand(Intent intent, int flags, int startId)
    {
        super.onStartCommand(intent, flags, startId);
        play.start();//开始播放音乐
        Toast.makeText(this, "启动后台服务，播放音乐...",
                Toast.LENGTH_LONG).show();
        return START_STICKY;
    }

    @Override
    public void onDestroy()
    {
        play.release();
        super.onDestroy();
        Toast.makeText(this, "销毁后台服务！", Toast.LENGTH_LONG).show();
    }
}
```

（4）修改控制文件 MainActivity.java。

控制文件 MainActivity.java 的源代码如下：

```
package example.com.chap04;

import android.app.Activity;
import android.content.Intent;
import android.os.Bundle;
import android.view.View;
import android.widget.Button;
```

```
import android.widget.TextView;

public class MainActivity extends Activity
        implements View.OnClickListener
{
    private Button startbtn,stopbtn;
    private TextView txt;
    Intent intent;
    @Override
    protected void onCreate(Bundle savedInstanceState) {
        super.onCreate(savedInstanceState);
        setContentView(R.layout.activity_main);

        txt = (TextView) findViewById(R.id.txt);
        startbtn = (Button) findViewById(R.id.btn1);
        stopbtn = (Button) findViewById(R.id.btn2);
        startbtn.setOnClickListener(this);
        stopbtn.setOnClickListener(this);
        //创建 Intent 对象
        intent = new Intent(this, MusicService.class);
    }
    @Override
    public void onClick(View v)
    {
        if(v == startbtn)
        {
            this.startService(intent);//启动 Intent 对象关联的后台服务
            txt.setText("start service ...");
        }
        else if(v == stopbtn)
        {
            this.stopService(intent);//关闭后台服务
            txt.setText("stop service ...");
        }
    }
}
```

只要用户不点击“关闭后台音乐服务程序”按钮，音乐就会一直循环播放下去，即使主程序已经关闭。

（5）修改配置文件 AndroidManifest.xml，在配置文件 AndroidManifest.xml 的<application>标签中添加如下代码：

```
<service android:enabled="true" android:name=".MusicService" />
```

修改后的 AndroidManifest.xml 文件如下：

```
<application>
  ......

    <service android:enabled="true" android:name=".MusicService" />
</application>
```

4.4 实战演练——播放后台音乐

第 4 章　实战演练

请将第 3 章的实战演练改为播放后台音乐，运行效果如图 4-9 所示。

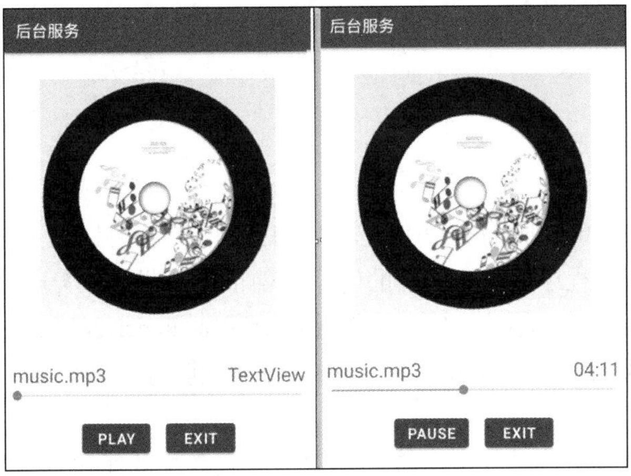

图 4-9　播放后台音乐

提示：项目需要一个 Activity 程序和一个 Service 程序，将音乐播放器的代码迁移到 Service 程序，Activity 通过调用 startService()实现音乐的后台播放。

```
class mPlay implements View.OnClickListener {
   @Override
   public void onClick(View view) {
       startService(intent);
   }
}
class mExit implements View.OnClickListener{
    @Override
    public void onClick(View view) {
            stopService(intent);
```

```
            MusicActivity.this.finish();
        }
    }
```

思维导图

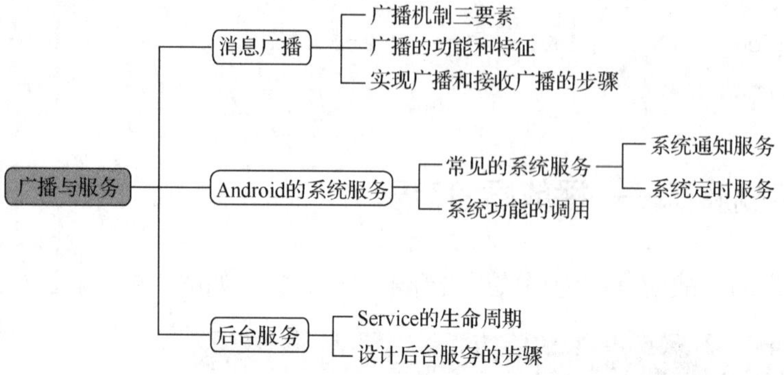

本章小结

- 广播（Broadcast）是一种应用程序之间传递消息的机制，广播可以被不止一个应用程序接收，也可以不被任何应用程序接收。广播的生命周期很短：调用→实现→结束。
- 广播机制三要素：广播（Broadcast）、广播接收器（BroadcastReceiver）、意图（Intent）。
- Android 有许多系统服务（SystemService），如系统通知服务（Notification）、系统定时服务（AlarmManager）等。

① Notification 也叫状态栏消息通知服务，是一种具有全局效果的通知，在手机屏幕顶端的状态栏中显示，用户下拉状态栏可以查看通知的详细信息。

② AlarmManager 又称为系统闹钟服务，可设定在未来某个时间执行某项操作，也可设定为周期性地执行某项操作。

- Android 系统功能数量较多，例如拨打电话、接收短信等，可通过 Intent 来调用这些系统功能。
- 后台服务（Service）是一个运行在后台的组件，没有 UI。即使应用程序已经切换，Service 也可能还在后台运行，没有结束。例如下载数据、播放音乐就适合使用后台服务实现。
- 通常在 Activity 程序中启动 Service。Service 的生命周期只有 3 个阶段，即创建、启动、销毁。一个 Service 只能创建一次，销毁一次，但可以启动多次，即 onStartCommand() 方法可以被多次调用。
- 广播接收器和后台服务程序都需要在 AndroidManifest.xml 注册。

第 5 章　数据存储

第 5 章　本章知识

学习目标

- 了解数据存储的主要技术
- 掌握文件存储技术
- 掌握 JSON 数据格式
- 掌握 SharedPreferences 存储技术
- 掌握 SQLite 数据库存储技术

大部分应用程序都会涉及数据存储，Android 系统有许多方式可以进行数据存储。本章共有 6 个案例，侧重讨论文件存储、JSON 数据存储、SharedPreferences 存储、SQLite 数据库存储这 4 种数据存储技术。Android 系统的数据存储技术还有 ContentProvider 和网络存储，各种存储技术有不同的特点。

（1）文件存储：该存储方式是一种较常用的方法，在 Android 中读/写文件的方法与 Java 实现 I/O（Input/Output，输入/输出）的方法是完全一样的。

（2）JSON 数据存储：JSON（JavaScript Object Notation，JS 对象表示法）是一种轻量级的数据交换格式，它与 XML 一样，都是基于纯文本的数据格式。JSON 文件易于阅读和编写，也易于机器解析和生成。

（3）SharedPreferences 存储：该存储方式是轻量级存储，用来存储一些简单的配置信息，采用 XML 格式将数据存储到设备中。它可以存储应用程序的各种配置信息，如用户名、密码等。

（4）SQLite 数据库存储：SQLite 是一个 Android 自带的轻量级的数据库，支持基本 SQL（Structured Query Language，结构化查询语言）语法，利用很少的内存就能得到很好的性能，一般用作复杂数据的存储引擎。

这几种技术各有优缺点，选择哪种技术还需要根据性能需求、空间需求等来确定。

5.1 文件存储

文件存储是 Android 中基本的数据存储方式。它与 Java 中的文件存储类似，都是通过 I/O 流的形式把数据直接存储到文件中。特别之处在于，Android 文件存储分为内部存储和外部存储。下面分别对这两种存储方式进行讲解。

5.1.1 内部存储

内部存储是指将应用程序的数据，以文件方式存储到设备的内部（该文件默认位于 data/data/包名/files/目录下），存储的文件被所创建的应用程序私有。如果其他应用程序要操作该文件，需要设置权限。当创建的应用程序被卸载时，其内部存储文件也随之被删除。

内部存储使用的是 Context 提供的 openFileOutput()方法和 openFileInput()方法。通过这两个方法可以分别获取 FileOutputStream 对象和 FileInputStream 对象，然后进行读写操作。

创建文件对象的方法如下：

```
FileOutputStream fos = openFileOutput(String name, int mode);
FileInputStream fis = openFileInput(String name);
```

在上述代码中，openFileOutput()用于打开输出流，将数据存储到指定的文件中；openFileInput()用于打开输入流，读取指定文件中的数据。其中，参数 name 表示文件名，mode 表示文件的操作模式，也就是读写文件的方式。mode 的取值有以下 4 种。

（1）MODE_PRIVATE：只能被当前应用程序读写。

（2）MODE_APPEND：可以追加文件内容。

Android 系统有一套自己的安全模型，默认情况下，任何应用创建的文件都是私有的，其他应用无法访问。

存储数据时，使用 FileOutputStream 对象将数据写入文件中，示例代码如下：

```
String fileName="data.txt" ;
String content="hello world" ;              //待写入数据
FileOutputStream fos;
try {
     fos = openFileOutput(fileName, MODE_PRIVATE);
     fos.write(content.getBytes()) ;        //将数据写入文件中
     fos.close() ;                          //关闭输出流
} catch (Exception e){e.printStackTrace();}
```

上述代码中定义了 String 类型的文件名 data.txt，以及要写入文件的数据“hello world”，然后创建 FileOutputStream 对象 fos，通过该对象的 write()方法将数据“hello world”写入 data.txt 文件。

取出数据时，使用 FileInputStream 对象读取数据，示例代码如下：

```
String content = "";
FileInputStream fis;
try{
     fis = openFileInput("data.txt");                   //获得文件输入流对象
     byte[] buffer = new byte[fis.available()]; //创建缓冲区，并获取文件长度
     fis.read (buffer);                                 //将文件内容读取到缓冲区
```

```
        content=new String(buffer);                    //转换成字符串
        fis.close();                                   //关闭输入流
    }catch (Exception e){e.printStackTrace();}
```

在上述代码中，首先通过 openFileInput()方法获得 FileInputStream 对象，然后创建 byte 数组 buffer 作为缓冲区，并获取文件长度，再通过 read()方法，将文件内容读取到缓冲区，最后将读取到的文件内容转换成字符串。

【例 5-1】读取与保存文件的应用程序示例。

程序运行效果如图 5-1 所示。

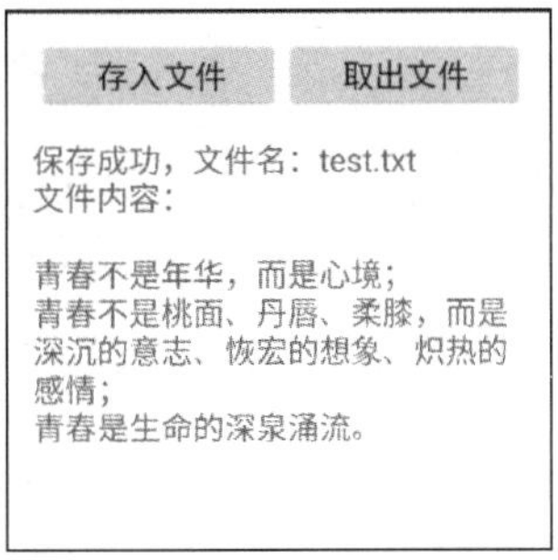

图 5-1 读取与保存文件示例效果

例 5-1 演示视频

（1）使用 Android Studio 创建新项目 Chap05，按系统提示创建一个 Activity 程序的控制文件 FileActivity.java 和布局文件 activity_file.xml。

（2）打开 values 下的 strings.xml，为属性为“hello”的元素添加内容：

```
<string name="hello">\n 青春不是年华，而是心境；……</string>
```

例 5-1 strings.xml 源代码

（3）设计界面布局文件 activity_file.xml，布局的组件层级关系和属性如图 5-2 所示。

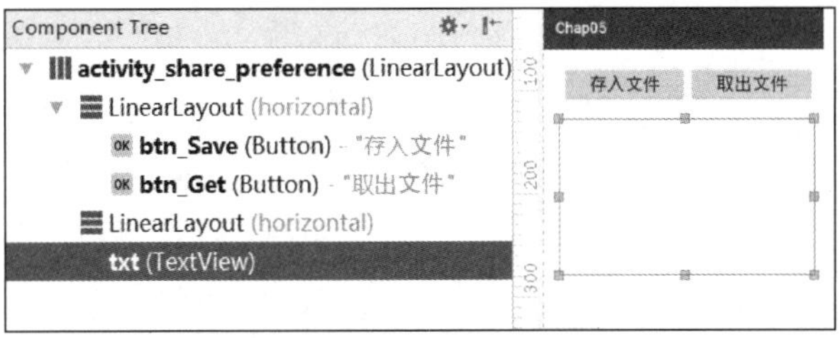

图 5-2 布局的组件层级关系和属性

例 5-1 布局文件 activity_file.xml 源代码

（4）设计控制文件 FileActivity.java，添加事件处理。

控制文件 FileActivity.java 的源代码如下：

```
public class FileActivity extends Activity {
    Button saveBtn, getBtn;
    TextView txt;
    static final String fileName = "test.txt";
    @Override
```

```
public void onCreate(Bundle savedInstanceState) {
    super.onCreate(savedInstanceState);
    setContentView(R.layout.activity_file);
    txt = (TextView) findViewById(R.id.txt);
    saveBtn = (Button) findViewById(R.id.btn_Save);
    getBtn = (Button) findViewById(R.id.btn_Get);
    saveBtn.setOnClickListener(new mClick11());
    getBtn.setOnClickListener(new mClick12());
}
//存入文件，写内部文件
    class mClick11 implements View.OnClickListener {
        @Override
        public void onClick(View arg0) {
            String str = getString(R.string.hello);
            FileOutputStream f_out;
            try {
                f_out = openFileOutput(fileName, Context.MODE_PRIVATE);
                f_out.write(str.getBytes());
                txt.setText("保存成功，文件名：" + fileName+
                        "\n 文件内容：\n" + str);
            } catch (FileNotFoundException e) {
                txt.setText("文件不存在");
            } catch (IOException e) {
                txt.setText("写文件异常");
            }
        }
    }
    //取出文件，读内部文件
    class mClick12 implements View.OnClickListener{
        @Override
        public void onClick(View arg0) {
            String str;
            FileInputStream f_in= null;
            try{
                f_in=openFileInput(fileName);
                byte[] buffer = new byte[f_in.available()];
                f_in.read(buffer);
```

```
                str = new String(buffer);
                txt.setText("读取成功，文件名：" + fileName+
                        "\n 文件内容：\n" + str);
            }catch (FileNotFoundException e) {
                System.out.print("文件不存在");
            } catch (IOException e) {
                System.out.print("读文件异常");
            }
        }
    }
}
```

5.1.2 外部存储

外部存储是指将文件存储到一些外部设备上，如 SD 卡或设备内嵌的存储卡，属于永久性的存储方式。外部存储文件可以被其他应用程序共享，当将外部设备连接到计算机时，这些文件可以被浏览、修改和删除。

由于外部设备可能会被移除、丢失或处于其他状态，因此在使用外部设备之前必须使用 Environment.getExternalStorageState()方法来判断外部设备是否可用。当外部设备可用并且具有读写权限时，就可以通过 FileInputStream、FileOutputStream 对象来读写外部设备中的文件。

下面讨论访问 SD 卡文件的方法，具体步骤可参考 3.1.4 小节。

（1）向 SD 卡中存储数据的示例代码如下：

```
String state=Environment.getExternalStorageState();//获取外部设备
//判断外部设备是否可用
if(state.equals(Environment.MEDIA_MOUNTED)){
    //获取 SD 卡根目录
    File SDPath = Environment.getExternalStorageDirectory();
    File file = new File(SDPath,"data.txt");
    String data="Hello world";
    FileOutputStream fos;
    try{
        fos = new FileOutputStream(file);
        fos.write(data.getBytes());
        fos.close();
    }catch (Exception e){e.printStackTrace();}
}
```

在上述代码中，使用了 Environment 的 getExternalStorageState()方法和 getExternal StorageDirectory()方法，分别用于判断是否存在 SD 卡和获取 SD 卡根目录的路径。由于手机厂商不同，SD 卡的根目录也可能不同，因此通过 getExternalStorageDirectory()方法来获取 SD 卡根目录，可以避免找不到 SD 卡的现象。

（2）从 SD 卡中读取数据的示例代码如下：

```
String state = Environment.getExternalStorageState();
FileInputStream fis = null;
if(state.equals(Environment.MEDIA_MOUNTED)) {
    File SDPath = Environment.getExternalStorageDirectory();
    File file = new File(SDPath, "data.txt");
    try {
        fis = new FileInputStream(file);
        byte[] buffer = new byte[fis.available()];
        fis.read(buffer);
        String str = new String(buffer);//读取文件内容放到 str
    } catch (Exception e) {
        e.printStackTrace();
    }
}
```

如果程序需要访问系统的一些关键信息，必须事先在配置文件中声明权限，否则程序运行时会直接崩溃。

由于 SD 卡中的数据属于系统中比较关键的信息，因此需要在配置文件的<manifest>中添加 SD 卡的读写权限，注意必须写在<application>标签外面。代码如下：

```
<uses-permission android:name="android.permission.READ_EXTERNAL_STORAGE" />
<uses-permission android:name="android.permission.WRITE_EXTERNAL_STORAGE" />
<uses-permission android:name="android.permission.MOUNT_UNMOUNT_
                                                        FILESYSTEMS"/>
```

例 5-2　演示视频

例 5-2　布局文件 activity_sd.xml 源代码

【例 5-2】从 SD 卡读取并保存文件的应用程序示例。

程序运行效果如图 5-3 所示。

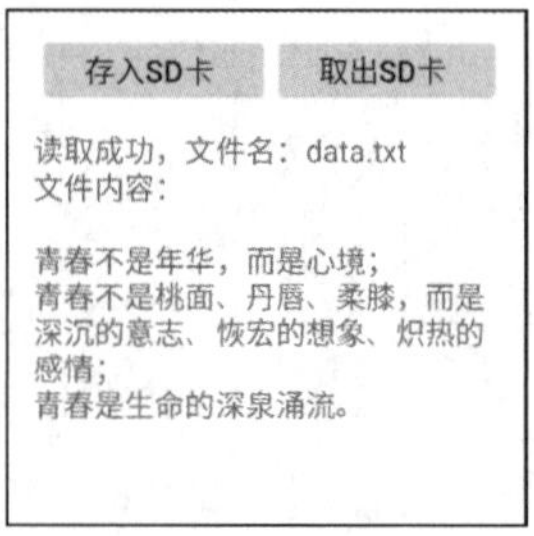

图 5-3　从 SD 卡读取并保存文件示例效果

（1）设计布局文件 activity_sd.xml，与例 5-1 布局文件相似。

（2）设计控制文件 SdFileActivity.java，添加 SD 卡并设置访问许可，初始化数据，添加事件处理。

控制文件 SdFileActivity.java 的源代码如下：

```
public class SdFileActivity extends AppCompatActivity {
Button btn_Save,btn_Get;
TextView txt;
static final String filename ="data.txt";
// 存储权限
private static final int REQUEST_EXTERNAL_STORAGE = 1;
private static String[] PERMISSIONS_STORAGE = {
        Manifest.permission.READ_EXTERNAL_STORAGE,
        Manifest.permission.WRITE_EXTERNAL_STORAGE
};
public static void verifyStoragePermissions(Activity activity) {
    // 检查是否有写入权限
    int permission =
            ActivityCompat.checkSelfPermission(activity, Manifest.
                                permission.WRITE_EXTERNAL_STORAGE);

    if (permission != PackageManager.PERMISSION_GRANTED) {
        // 没有权限，因此提示用户
        ActivityCompat.requestPermissions(
                activity,
                PERMISSIONS_STORAGE,
                REQUEST_EXTERNAL_STORAGE
        );
    }
}
@Override
protected void onCreate(Bundle savedInstanceState) {
    super.onCreate(savedInstanceState);
    setContentView(R.layout.activity_sd);
    verifyStoragePermissions(this);
    btn_Save = (Button)findViewById(R.id.btn_Save);
    btn_Get = (Button)findViewById(R.id.btn_Get);
    txt = (TextView)findViewById(R.id.txt);
    btn_Save.setOnClickListener(new mClick11());
    btn_Get.setOnClickListener(new mClick12());
}
```

```
//存入 SD 卡，写文件
class mClick11 implements View.OnClickListener{
    @Override
    public void onClick(View view) {//存入 file,写文件
        String str = getString(R.string.hello);
        FileOutputStream f_out;
        String state = Environment.getExternalStorageState();
        if(state.equals(Environment.MEDIA_MOUNTED)) {
            try {

                File path = Environment.getExternalStorageDirectory();
                File file = new File(path, filename);
                f_out = new FileOutputStream(file);
                //f_out=openFileOutput(filename, Context.MODE_PRIVATE);
                f_out.write(str.getBytes());
                f_out.close();
            } catch (IOException e) {
                e.printStackTrace();
            }
            txt.setText("写文件\n" + filename + "\n" + str);
        }
    }
}
//取出 SD 卡，读文件
class mClick12 implements View.OnClickListener{
    @Override
    public void onClick(View view) {
        FileInputStream f_in;
        try{
            File path = Environment.getExternalStorageDirectory();
            File file = new File(path,filename);
            f_in = new FileInputStream(file);
            //f_in=openFileInput(filename);
            //available()用于取得文件总字节数
            byte[] buffer = new byte[f_in.available()];
            f_in.read(buffer);
            String str = new String(buffer);
```

```
                txt.setText("读文件\n"+filename+"\n"+str);
            }catch (IOException e){e.printStackTrace();}
        }
    }
}
```

5.2 JSON 数据存储

JSON 数据格式与 XML 非常相似，都可以用来存储数据。但 JSON 相对于 XML 来说，解析速度更快，占用空间更小。下面将对 JSON 数据格式及其解析方法进行讲解。

5.2.1 JSON 数据介绍

JSON 是一种轻量级的数据交换格式，它与 XML 一样都是基于纯文本的数据格式。相对于 XML 文件来说，JSON 文件不仅易于阅读和编写，也易于机器解析和生成。因为解析 XML 比较复杂，所以现在客户端和服务器的数据交换，往往通过 JSON 来进行。

JSON 文件用键值对的形式表示数据，其数据的书写格式如下：

```
键名:值
```

键值对的键名必须是 String 类型的，后面加一个冒号 “:”，然后是值，值可以是 String、Number、Object、Array 等数据类型的。

如描述天气情况的键值对：

```
"天气":"0～14℃，多云，微风"
```

5.2.2 JSON 数据结构

Android 的 JSON 数据结构有两种：对象结构（JSONObject）、数组结构（JSONArray）。

1. 对象结构

JSON 对象可以包括多个键值对，要求在花括号 “{ }” 中书写，键值对之间用逗号 “,” 分隔。

最简单的 JSON 对象，如{"城市":"大理"}。

稍复杂的 JSON 对象，例如：

```
{"城市":"大理", "日期":"20210103","天气":"0~14℃，多云","风力":2}
```

JSON 对象的值也可以是另外一个 JSON 对象，例如：

```
{ "城市":"大理",
  "日期":"20210103",
  "天气":"0～14℃，多云",
  "未来 3 天气温":{"20210104":"0~16℃，晴","20210105":"1~18℃，晴",
                                "20210106":"2～19℃，晴转小雨"}}
```

JSON 对象的这种结构和 Python 语言的字典类似。

2. 数组结构

JSON 数组可以包含多个 JSON 对象，将每个 JSON 对象作为元素，每个元素之间用逗号“,”分隔，用方括号“[ ]”标注。JSON 数组是 JSON 对象的有序集合。JSON 数组的元素可以包含多个对象，例如：

```
var weather = [
{"城市":"大理", "气温":"0~14℃, 多云"},
{"城市":"成都", "气温":"2~4℃, 小雨"},
{"城市":"拉萨", "气温":"-9~5℃, 多云"}
]
```

如果想访问数组第一个元素的键名“城市”，可以这样表示：weather [0].城市，其返回值为“大理”。

5.2.3 JSON 文件

JSON 文件的扩展名是“.json”，可以用记事本程序或其他编辑工具编写 JSON 文件。如 weather.json 文件，内容如下：

```
{"city":"深圳","date":"15 日星期日","high":"最高温度 29℃","fx":"无持续风向",
                                          "low":"最低温度 25℃","type":"中雨"}
```

如果想把 JSON 文件放在项目里，可以创建 assets 文件夹，目录结构是 src/main/assets/，然后把 weather.json 放到 assets 下，例 5-3 会用到这个 weather.json 文件。

5.2.4 解析 JSON 数据

例 5-3 演示视频

Android 解析 JSON 数据需要使用 JSONObject 类和 JSONArray 类，下面通过一个案例说明解析 JSON 数据的方法。

【例 5-3】解析 JSON 数据示例。

（1）设计布局文件 activity_json.xml，布局的组件层级关系和属性如图 5-4 所示。

例 5-3 布局文件 activity_json.xml 源代码

图 5-4 布局的组件层级关系和属性

（2）设计控制文件，初始化数据，并添加事件处理。

控制文件 JsonActivity.java 的源代码如下：

```
public class JsonActivity extends AppCompatActivity
        implements View.OnClickListener {
    EditText editText,editText2;
    TextView txt3,txt4;
    Button jsonBtn, arrayBtn, fileBtn;
    @Override
    protected void onCreate(Bundle savedInstanceState) {
        super.onCreate(savedInstanceState);
        setContentView(R.layout.activity_json);
        editText = (EditText) findViewById(R.id.editText);
        editText2 = (EditText) findViewById(R.id.editText2);
        txt3 = (TextView) findViewById(R.id.txt3);
        txt4 = (TextView) findViewById(R.id.txt4);
        jsonBtn = (Button) findViewById(R.id.jsonBtn);
        arrayBtn = (Button) findViewById(R.id.arrayBtn);
        fileBtn = (Button) findViewById(R.id.fileBtn);
        jsonBtn.setOnClickListener(this);
        arrayBtn.setOnClickListener(this);
        fileBtn.setOnClickListener(this);
    }
    @Override
    public void onClick(View view) {
        if(view == jsonBtn){
            setJsonData();
        }else if(view == arrayBtn){
            setArrayData();
        }else if(view == fileBtn){
            getJsonFile();
        }
    }
    //解析单个 JSON 对象
    private void setJsonData(){
        try {
            JSONObject test = new JSONObject();
```

```
            test.put("城市", "深圳");
            test.put("气温", 30℃);
            String cs = test.getString("城市");
            int qw = test.getInt("气温");
            editText.setText(cs);
            editText2.setText(Integer.toString(qw));
        }catch (JSONException e){e.printStackTrace();}
    }
    //解析 JSON 数组
    private void setArrayData(){
        JSONObject p1,p2,p3;
        JSONArray weather;
        try{
            //注意，英文的冒号和逗号表示语法，中文的逗号是普通字符
            String str1 = "{城市:成都,气温:21~28℃，小雨}";
            String str2 = "{城市:大理,气温:0~14℃，多云}";
            String str3 = "{城市:拉萨,气温:-9~5℃，多云}";
            //3 个 JSON 对象和 1 个 JSON 数组
            p1=new JSONObject(str1);
            p2=new JSONObject(str2);
            p3=new JSONObject(str3);
            weather = new JSONArray();
            weather.put(p1);
            weather.put(p2);
            weather.put(p3);
            String jc,jw;
            int length = weather.length();
            for(int i=0; i<length; i++){    //遍历 JSON 数组
                JSONObject jsonObject = weather.getJSONObject(i);
                jc = jsonObject.getString("城市") + ": ";
                jw =  jsonObject.getString("气温") + "\n";
                txt3.append(jc+jw);
            }
        }catch (JSONException e){e.printStackTrace();}
    }
    //解析 JSON 文件
    private void getJsonFile(){
```

```
        AssetManager assetManager = getAssets();  //获得 assets 资源管理器
        String strs="";
        String fileName="weather.json";  //要解析的 JSON 文件
        try {
            InputStreamReader reader = new InputStreamReader(
                    assetManager.open(fileName),"utf-8");
            BufferedReader buffer = new BufferedReader(reader);
            String line;
            StringBuilder stringBuilder = new StringBuilder(); //可变的字符串序列
            while((line=buffer.readLine())!=null){
                stringBuilder.append(line);
            }
            strs = stringBuilder.toString();
            buffer.close();
            reader.close();
            JSONObject jsonObject = new JSONObject(strs);
            String city, date, high, fx, low, type;
            city = jsonObject.getString("city");
            date = jsonObject.getString("date");
            high = jsonObject.getString("high");
            fx = jsonObject.getString("fx");
            low = jsonObject.getString("low");
            type = jsonObject.getString("type");
            txt4.setText(city+":"+date+","+high+","+fx+","+low+","+type);
        }catch (IOException | JSONException e){
            txt4.append("FileNotFound");
        }
    }
}
```

程序运行效果如图 5-5 所示。

图 5-5 解析 JSON 数据示例效果

5.3 轻量级存储

Android 系统提供了一个存储少量数据的轻量级的数据存储方式（SharedPreferences）。该存储方式类似于 Web 程序中的 cookie，通常用它来保存一些常用信息。

SharedPreferences 对象的常用方法如表 5-1 所示。采用键值对的形式组织和管理数据，其数据存储在 XML 文件中。

表 5-1　SharedPreferences 对象的常用方法

方法	说明
edit()	建立一个 SharedPreferences.Editor 对象
contains(String key)	判断是否包含该键名
getAll()	返回所有配置信息
getBoolean(String key, boolean defValue)	获得一个 boolean 类型的数据
getFloat(String key, float defValue)	获得一个 float 类型的数据
getInt(String key, int defValue)	获得一个 int 类型的数据
getLong(String key, long defValue)	获得一个 long 类型的数据
getString(String key, String defValue)	获得一个 String 类型的数据

使用 SharedPreferences 方式存储数据，需要用 SharedPreferences 和 SharedPreferences. Editor 接口，这两个接口在 android. content 包中。

SharedPreferences 对象由 Context.getsharedPreferences(String name, int mode)方法构造，它有两个参数，其含义如下。

（1）参数 name 为保存数据的文件名，文件名不用带扩展名，扩展名会由 Android 自动加上。该 XML 文件存放在 data\data\包名\shared_prefs 目录下。

（2）参数 mode 为操作模式，有以下几种模式。

- MODE_PRIVATE：这是默认的模式，只允许本程序访问。若文件不存在则会创建文件；若已存在，则会覆盖掉原来的文件。
- Context.MODE_APPEND：追加模式，只能被本程序访问。若文件不存在则会创建文件；若文件存在，则在文件的末尾追加内容。

SharedPreferences.Editor 接口用于存储 SharedPreferences 对象的数据值，接口的常用方法如表 5-2 所示。

表 5-2　SharedPreferences.Editor 接口的常用方法

方法	说明
clear()	清除所有数据值
commit()	保存数据
putBoolean(String key, boolean value)	保存一个 boolean 类型的数据
putFloat(String key, float value)	保存一个 float 类型的数据

续表

方法	说明
putInt(String key, int value)	保存一个 int 类型的数据
putLong(String key, long value)	保存一个 long 类型的数据
putString(String key, String value)	保存一个 String 类型的数据
remove(String key)	删除键名所对应的数据值

SharedPreferences.Editor 的 put()方法均需要以键值对的形式存储数据，然后调用 commit()方法提交，数据文件才能保存。读取数据非常简单，直接调用 SharedPreferences 对象相应的 get()方法即可。

【例 5-4】应用 SharedPreferences 对象保存客户的联系电话。

（1）将电话数据文件命名为 phoneBook，数据的关键字为“name”和“phone”。

（2）设计界面布局文件 phone.xml，布局的组件层级关系和属性如图 5-6 所示。

例 5-4 演示视频

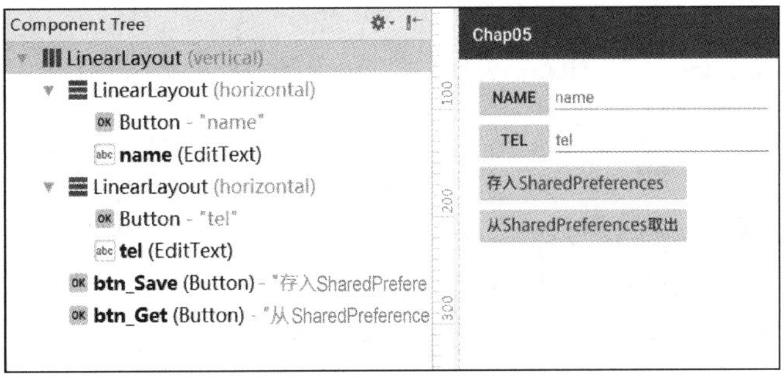

图 5-6 布局的组件层级关系和属性

例 5-4 布局文件 phone.xml 源代码

（3）设计控制文件 SharedActivity.java，初始化数据，并添加事件处理。

控制文件 SharedActivity.java 的源代码如下：

```
public class SharedActivity extends AppCompatActivity {
    private EditText name ,tel;
    private Button SaveBtn,GetBtn;
    private SharedPreferences sp ; //声明 SharedPreferences 对象

    @Override
    protected void onCreate(Bundle savedInstanceState) {
        super.onCreate(savedInstanceState);
        setContentView(R.layout.phone);
        name= (EditText) findViewById(R.id.name);
```

```
        tel = (EditText) findViewById(R.id.tel);
        SaveBtn = (Button) findViewById(R.id.btn_Save);
        GetBtn = (Button) findViewById(R.id.btn_Get);
    }

    public void Click(View view) {
        //获取 SharedPreferences 对象
        sp = getSharedPreferences("phoneBook", Context.MODE_PRIVATE);
        switch (view.getId()){
            case R.id.btn_Save:
                //获取到 edit 对象
                SharedPreferences.Editor edit = sp.edit();
                //通过 edit 对象写入数据
                edit.putString("name",name.getText().toString().trim());
                edit.putString("phone",tel.getText().toString().trim());
                //提交数据存入 XML 文件中
                edit.commit();
                Toast.makeText(SharedActivity.this, "保存成功! ", Toast.LENGTH_LONG);
                break;
            case R.id.btn_Get:
                //取出数据，getString()第二个参数为默认值，如不存在该键名，则返回默认值
                name.setText(sp.getString("name","null"));
                tel.setText(sp.getString("phone","null"));
                break;
        }
    }
}
```

运行程序，输入一组客户名和电话，如图 5-7 所示，点击“存入 SharedPreferences”按钮，也可点击“从 SharedPreferences 取出”按钮将客户名和电话取出来。

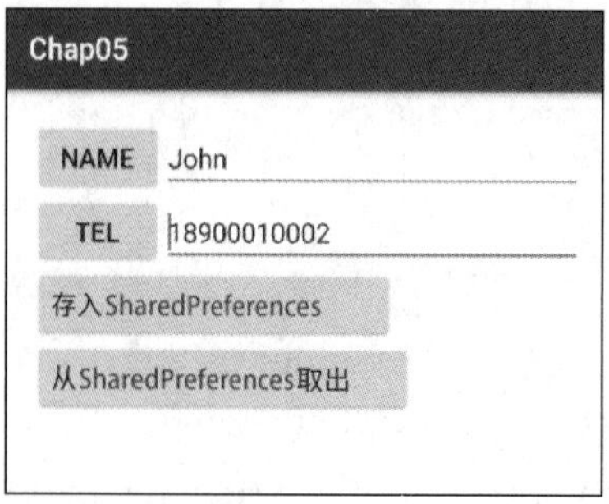

图 5-7　保存联系人信息示例效果

注意：数据文件 phoneBook.xml 保存在 data\data\com. example.chap05\shared_prefs 目录下，扩展名.xml 由系统自动生成。应用 DDMS（Dalvik Debug Monitor Service，Dalvik 调试监控服务）工具可以查看该文件，具体如图 5-8 所示。

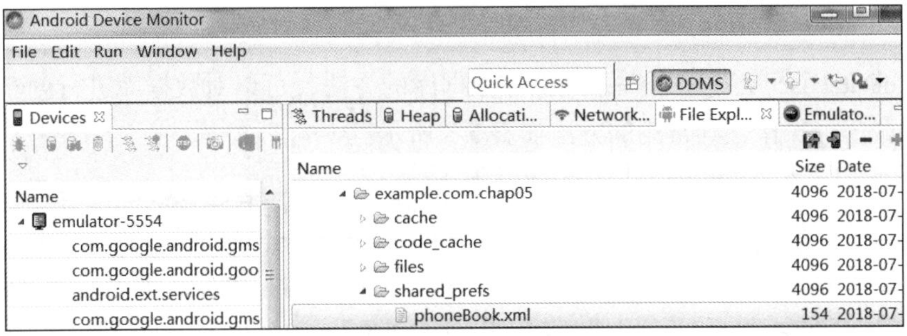

图 5-8　应用 DDMS 工具查看文件

单击 DDMS 工具的，可以将数据文件 phoneBook.xml 从模拟器复制到计算机的磁盘中，打开数据文件 phoneBook.xml，内容如下：

```
<?xml version='1.0' encoding='utf-8' standalone='yes' ?>
<map>
    <string name="name">John</string>
    <string name="phone">18900010002</string>
</map>
```

5.4　SQLite 数据库存储

5.4.1　SQLite 数据库简介

SQLite 数据库是一个关系数据库。因为它占用的空间很小，所以常作为嵌入式数据库内置在应用程序中。SQLite 生成的数据库文件是一个普通的磁盘文件，可以放置在任何目录下。

在 Android 系统的内部集成了 SQLite 数据库，所以应用程序可以很方便地使用 SQLite 数据库来存储数据。用户也可以通过 Android 系统的 DDMS 工具将数据库文件复制到本地计算机上，应用 SQLite Expert Professional 对数据库文件进行操作，完成后再通过 DDMS 工具将其放回到设备中。当需要操作大量本地数据时，这是比较方便的方法。

SQLite 数据库的管理和操作有 3 个层次。

（1）对数据库进行管理和操作：建立数据库或删除数据库。

（2）对数据表进行管理和操作：建立、修改或删除数据库中的数据表。

（3）对数据记录进行管理和操作：对数据表中的数据记录进行添加、删除、修改、查询等操作。

下面分 3 个层次讲述 SQLite 数据库的管理和操作方法。

5.4.2 数据库的管理和操作

Android 系统主要由 SQLiteDatabase 和 SQLiteOpenHelper 类对 SQLite 数据库进行管理和操作。

1. SQLiteDatabase 类

SQLiteDatabase 类提供了一系列操作数据库的方法，可以对数据库进行创建、删除、执行 SQL 命令等操作，其常用的方法如表 5-3 所示。

表 5-3 SQLiteDatabase 类的常用方法

方法	说明
insert(String table, String nullColumnHack, ContentValues values)	新增一条记录
delete(String table,String whereClause, String[] whereArgs)	删除一条记录
query(String table,String[] columns, String selection,String[] selectionArgs, String groupBy, String having, String orderBy)	查询一条记录
update(String table,ContentValues values, String whereClause, String[] whereArgs)	修改记录
execSQL(String sql)	执行一条 SQL 语句
close()	关闭数据库

2. SQLiteOpenHelper 类

SQLiteOpenHelpcer 类是 SQLiteDatabase 的一个辅助类。该类主要用于创建数据库，并对数据库的版本进行管理。当应用程序调用这个类的 getWritableDatabasce()方法或者 getReadableDatabase()方法时，如果指定的数据库不存在，系统就会自动创建一个数据库。

SQLiteOpenHelper 类是一个抽象类，在使用时要定义一个继承 SQLiteOpenHelper 的子类，并实现其方法。

3. SQLite 数据库的管理和操作

（1）创建数据库。

创建数据库的方法有多种。

- 应用 SQLiteDatabase 的方法创建数据库。
- 应用继承于 SQLiteOpenHelper 的子类创建数据库。
- 应用 android.content.Context 的方法 openOrCreateDatabase()来创建数据库。

Android 对 SQLite 的底层做了封装，提供了 SQLiteDatabase 创建数据库的方法，几乎所有对数据库的操作最终都通过 SQLiteDatabase 类来实现。

Context 字面意思是“上下文”，Context 提供的方法适用于 Context 及其子类创建数据库，且创建的数据库只在特定的 Context 里面，对于数据库的权限，交由 Context 来管理。一般来说，用这种方法创建数据库会更简单。

Context 类的 openOrCreateDatabase(name, mode, factory)方法有 3 个参数。

- name 表示数据库名称。
- mode 表示打开或创建数据库的模式，其模式可为 MODE_PRIVATE，表示只允许本程序访问，这是默认的模式。
- factory 表示查询数据的游标，通常为 null。

例如，要创建一个名称为 eBook.db 的数据库，其数据库的结构如下：

```
static final String Database_name = "eBook.db";     //数据库名称
static final int Database_Version = 1;
static final String TABLE_NAME = "diary";           //数据表名称
static final String ID="nid";                       //ID
static final String TITLE = "title";                //标题
static final String BODY = "body";                  //正文
```

然后用 openOrCreateDatabase()方法创建数据库，接着创建数据表 diary。代码如下：

```
SQLiteDatabase db;
String sqlStr=
        "CREATE TABLE IF NOT EXISTS"+TABLE_NAME+" ("
        +ID +" INTEGER primary key autoincrement, "
        +TITLE +" text not null, "
        +BODY +" text not null); "

int mode=MODE_PRIVATE;
db =openOrCreateDatabase(Database_ name, mode, null); //打开或创建数据库
db.execSQL(sqlStr);                                   //创建数据表
```

运行程序后，通过 DDMS 可以看到在 data\data\包名\databases 下创建了数据库 eBook.db。

（2）删除数据库。

当要删除一个指定的数据库文件时，需要应用 Context 类的 deleteDatabase(String name)方法。

例如，要删除名为 eBook.db 的数据库，则可以使用下列代码：

```
DBActivity.this.deleteDatabase ("eBook.db");
```

【例 5-5】编写一个能反复创建与删除数据库的演示程序。

（1）设计界面布局文件 activity_db.xml，效果如图 5-9 所示。

图 5-9 创建与删除数据库示例效果

例 5-5 演示视频

例 5-5 布局文件 activity_db.xml 源代码

（2）设计控制文件 DBActivity.java，创建一个内部类 MySQLDatabase 去执行数据库和数据表的创建，然后初始化成员变量，并添加事件处理。

控制文件 DBActivity.java 的源代码如下：

```
public class DBActivity extends Activity
{
    Button creatBtn, deleteBtn;
    @Override
    public void onCreate(Bundle savedInstanceState)
    {
        super.onCreate(savedInstanceState);
        setContentView(R.layout.activity_db);
        creatBtn=(Button)findViewById(R.id.createdb);
        creatBtn.setOnClickListener(new mClick());
        deleteBtn=(Button)findViewById(R.id.deletedb);
        deleteBtn.setOnClickListener(new mClick());
    }

    class mClick implements OnClickListener
    {
        @Override
        public void onClick(View arg0)
        {
            if(arg0 == creatBtn)
            {
                MySQLDatabase db =  new MySQLDatabase();
                Toast.makeText(DBActivity.this, "数据库和数据表创建成功",
                Toast.LENGTH_ SHORT).show();
            }
            else if(arg0 == deleteBtn)
            {
                deleteDatabase(MySQLDatabase.Database_name);
                Toast.makeText(DBActivity.this, "数据库删除成功",
                Toast.LENGTH_ SHORT).show();
            }
        }
    }
```

```
    class MySQLDatabase
    {
        static final String Database_name = "eBook.db";
        private MySQLDatabase()
        {
            SQLiteDatabase db;
            String TABLE_NAME = "diary";            //数据表名
            String ID = "nid";                      //ID
            String TITLE = "title";                 //标题
            String BODY = "body";                   //正文
            String DATABASE_CREATE =
                    "CREATE TABLE IF NOT EXISTS " + TABLE_NAME + " ("
                            + ID  + " INTEGER primary key autoincrement,"
                            + TITLE + " text not null, "
                            + BODY + " text not null);";
            int mode = Context.MODE_PRIVATE;
            db = openOrCreateDatabase(Database_name, mode, null);//创建数据库
            db.execSQL(DATABASE_CREATE);//创建数据表
        }
    }
}
```

运行程序后，通过 DDMS 工具调试监控视图，在 data\data\包名\databases 下可以看到创建的数据库文件 eBook.db，如图 5-10 所示。

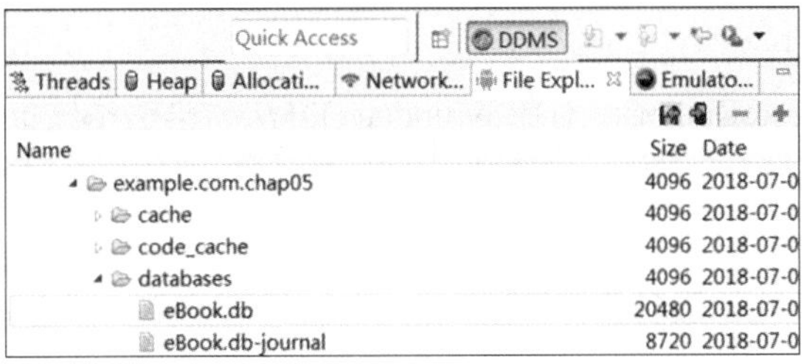

图 5-10　DDMS 工具调试监控视图中的数据库文件 eBook.db

5.4.3　数据表的管理和操作

1．创建数据表

创建数据表的步骤如下。

（1）用 SQL 语句编写创建数据表的命令。

（2）调用 SQLiteDatabase 的 execSQL()方法执行 SQL 语句。

例如，例 5-5 中创建了一个名为 diary 的数据表。

2. 删除数据表

删除数据表的步骤与创建数据表类似。

（1）用 SQL 语句编写删除表的命令。

（2）调用 SQLiteDatabase 对象的 execSQL()方法执行 SQL 语句，例如：

```
db.execSQL("DROP TABLE IF EXISTS " + TABLE_NAME);
```

5.4.4 数据记录的管理和操作

在数据表中，把每列称为字段，把每行称为记录。对数据表中的数据进行操作，主要是对记录进行操作。

对数据记录进行操作有两种方法。

（1）使用常规的 SQL 语句进行操作。先编写对记录进行添加、删除、修改、查询的 SQL 语句，然后通过 execSQL()方法来执行。本章略过不做介绍。

（2）使用 SQLiteDatabase 对象的相应方法进行操作。

下面介绍使用 SQLiteDatabase 对象操作数据记录的方法。

1. 新增记录

新增记录使用 SQLiteDatabase 对象的 insert()方法，语法格式如下：

```
insert(String table, String nullColumnHack,ContentValues values)
```

该方法中有 3 个参数，含义如下。

（1）table：数据表。

（2）nullColumnHack：空列，默认值为 null。

（3）ContentValues：ContentValues 对象，保存键值对数据，键名为表中的字段名，值为要增加的记录数据值。通过 ContentValues 对象的 put()方法把键值对数据放到 ContentValues 对象中，存放要新增的字段数据。

2. 修改记录

修改记录使用 SQLiteDatabase 对象的 update()方法，语法格式如下：

```
update(String table, ContentValues values, String whereClause,String[]
        whereArgs)
```

该方法中有 4 个参数，其含义如下。

（1）table：数据表。

（2）ContentValues：存放要修改的字段数据。

（3）whereClause：修改条件，相当于 SQL 语句的 WHERE 子句。

（4）whereArgs：修改条件的参数数组。

3. 删除记录

删除记录使用 SQLiteDatabase 对象的 delete()方法，语法格式如下：

```
delete(String table, String whereClause, String whereArgs)
```

该方法中有 3 个参数，其含义如下。

（1）table：数据表。

（2）whereClause：删除条件，相当于 SQL 语句的 WHERE 子句。

（3）whereArgs：删除条件的参数数组。

4. 查询记录

在数据库的操作命令中，查询数据的命令是非常丰富、非常复杂的。下面介绍 SQLiteDatabase 的 query()方法和查询得到的 Cursor 对象。

（1）query()方法。

query()方法的语法格式如下：

```
query(String table,String[] columns,String selection,String[] selectionArgs,
      String groupBy,String having,String orderBy)
```

该方法有 7 个参数，其含义如下。

- table：数据表。
- columns：查询的字段，如果为 null，则表示查询所有字段。
- selection：查询条件，可以使用通配符“?”。
- selectionArgs：参数数组，用于替换查询条件中的“?”。
- groupBy：查询结果按指定字段分组。
- having：限定分组的条件。
- orderBy：查询结果的排序条件。

（2）Cursor 对象。

使用 query()方法查询的数据均封装到查询结果 Cursor 对象之中，Cursor 相当于 SQL 语句中 ResultSet（结果集）上的一个游标，可以向前或向后移动。Cursor 对象的常用方法如下。

- moveToFirst()：移动到第一行。
- moveToLast()：移动到最后一行。
- moveToNext()：移动到下一行。
- MoveToPrevious()：移动到上一行。
- moveToPosition(position)：移动到指定位置。
- isBeforeFirst()：判断是否指向第一条记录之前。
- isAfterLast()：判断是否指向最后一条记录之后。

【例 5-6】 完善 eBook.db 数据库的演示程序，增加添加、修改、删除记录的功能。

布局的组件层级关系、属性与效果如图 5-11 所示。

本案例以 DBActivity 程序为基础，将控制文件命名为 DB2Activity.java。

例 5-6 演示视频

（1）将数据库的名称等信息作为成员变量。

（2）完善内部类 MySQLDatabase 的功能，实现查询、添加、删除记录等方法。

例 5-6　布局文件 diarydb.xml 源代码

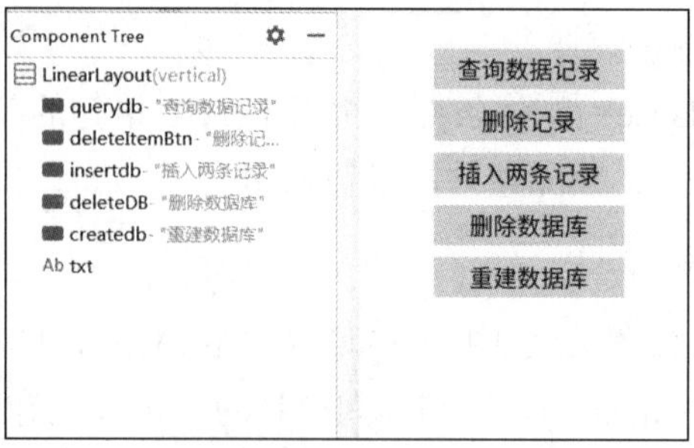

图 5-11　布局的组件层级关系、属性与效果

（3）创建一个内部类 DatabaseHelper 管理数据库的版本。

程序运行结果如图 5-12 所示。

图 5-12　数据库操作示例

DB2Activity.java 的程序结构如下：

```
public class DB2Activity extends Activity
{
    @Override
    public void onCreate(Bundle savedInstanceState)
    {
        super.onCreate(savedInstanceState);
        setContentView(R.layout.diarydb);
       ......
    }
    private class mClick implements OnClickListener
    {
        @Override
        public void onClick(View arg0)
        {
               ......
        }
    }

    private class DatabaseHelper extends SQLiteOpenHelper {
               ......
    }

    private class MySQLDatabase
    {
               ......
    }
}
```

DB2Activity 程序包含 3 个内部类，所有的代码都写在一个文件里。本书篇幅有限，故代码略写。这个程序较长，应考虑把数据库的操作独立出来，将其保存为一个 Java 文件，顺便把数据库的版本管理也放在里面。

我们改进 DB2Activity.java，将之拆分成两个文件：控制文件 DB3Activity.java 和操作数据库的文件 MySQLDatabase.java。布局文件则无须修改。

下面是负责数据库操作的 MySQLDatabase.java 的源代码。

```
public class MySQLDatabase {
    DatabaseHelper mOpenHelper;
    static final String Database_name = "eBook.db";//数据库名称
    static final int Database_Version = 1;
    static final String TABLE_NAME = "diary";//数据表名称，日记
    static final String ID = "nid";    //ID，数据表的主键
    static final String TITLE = "title";   //标题
    static final String BODY = "body"; //正文

    SQLiteDatabase db;
    Context context;

    private static class DatabaseHelper extends SQLiteOpenHelper {
        DatabaseHelper(Context context) {
            super(context, Database_name, null, Database_Version);
        }
        @Override
        public void onCreate(SQLiteDatabase db) {
        }
        @Override
        public void onUpgrade(SQLiteDatabase db, int oldVersion, int
                newVersion) {
        }
    }

    public void onCreate(Context c) {
        context =c;
        mOpenHelper = new DatabaseHelper(context);
        String DATABASE_CREATE =
                "CREATE TABLE " + TABLE_NAME + " ("
                        + ID + " INTEGER primary key autoincrement,"//ID 自动编号
                        + TITLE + " text not null, "
```

```
                    + BODY + " text not null);";
        int mode = MODE_PRIVATE;
        try {
    db = context.openOrCreateDatabase(Database_name, mode, null);//创建数据库
    db.execSQL("DROP TABLE IF EXISTS " + TABLE_NAME);//查看数据表，如存在就删除
            db.execSQL(DATABASE_CREATE);//创建数据表
            Log.i("SQLite","数据库重建成功");
        } catch (SQLException e) {
            Log.i("SQLite","数据库重建错误");
        }
    }
    /*
     * 删除数据库
     */
    public void deleteDB() {
        context.deleteDatabase(Database_name);
        Log.i("SQLite","删除数据库成功");
    }
    /*
     * 插入两条数据
     */
    public void insertItem() {
        try {
            ContentValues values = new ContentValues();
            values.put(TITLE, "Android");
            values.put(BODY,"的发展真是迅速啊");
            db.insert(TABLE_NAME,ID,values);

            values.put(TITLE, "城市");
            values.put(BODY,"的发展真是迅速啊");
            db.insert(TABLE_NAME,ID,values);
            Log.i("SQLite","插入两条数据成功");
        } catch (SQLException e) {
            Log.i("SQLite","插入两条数据失败");
        }
    }
    /*
```

```
     * 删除符合条件的记录
     */
    public void deleteItem() {
        try {
            db.delete(TABLE_NAME, " TITLE = '城市'", null);
            Log.i("SQLite","删除城市的记录成功");
        } catch (SQLException e) {
            Log.i("SQLite","数据记录删除错误");
        }
    }
    /*
     * 显示当前数据表的记录数
     */
    public String  showItems() {
        String col[] = { TITLE, BODY };
        Cursor cur = db.query(TABLE_NAME, col, null, null, null, null, null);
        Integer num = cur.getCount();
        String result="";
        if(num>0){
            cur.moveToFirst();
            result = "第一条记录：\n"+cur.getString(0)+cur.getString(1);

        }
        Log.i("SQLite","显示记录数成功");
        return "共有"+Integer.toString(num) + " 条记录\n"+result;
    }
    /*
     * 获取全部记录
     */
    public Cursor getAllNotes() {
        Log.i("SQLite","获取全部记录成功");
        return db.query(TABLE_NAME, new String[] { ID, TITLE,
                BODY}, null, null, null, null, null);
    }
}
```

到这里，数据库的操作就都独立出来，数据库的版本管理也在其中。接下来，控制文件代码就可以减少很多，程序逻辑也更清晰。

下面是控制文件 DB3Activity.java 的源代码。

```
public class DB3Activity extends Activity
{
    Button creatdb, deletedb,queryBtn,deleteItemBtn,insertBtn;
    TextView txt;
    MySQLDatabase myc;
    @Override
    public void onCreate(Bundle savedInstanceState)
    {
        super.onCreate(savedInstanceState);
        setContentView(R.layout.diarydb);
        creatBtn=(Button)findViewById(R.id.createdb);
        creatBtn.setOnClickListener(new mClick());
        deleteDB=(Button)findViewById(R.id.deleteDB);
        deleteDB.setOnClickListener(new mClick());
        insertBtn=(Button)findViewById(R.id.insertdb);
        insertBtn.setOnClickListener(new mClick());
        deleteItemBtn=(Button)findViewById(R.id.deleteItemBtn);
        deleteItemBtn.setOnClickListener(new mClick());
        queryBtn=(Button)findViewById(R.id.querydb);
        queryBtn.setOnClickListener(new mClick());
        txt=(TextView)findViewById(R.id.txt);
    }

    class mClick implements OnClickListener
    {
        @Override
        public void onClick(View arg0)
        {
            if(arg0 == creatBtn)
            {
                myc =  new MySQLDatabase();
                myc.onCreate(DB3Activity.this);
                Toast.makeText(DB3Activity.this, "数据库和数据表创建成功",
Toast.LENGTH_SHORT).show();
            }
```

```
            else if(arg0 == deleteDB)
            {
                myc.deleteDB();
                Toast.makeText(DB3Activity.this, "数据库删除成功",
Toast.LENGTH_SHORT).show();
            }
            else if(arg0 == queryBtn)
            {
                txt.setText(myc.showItems());
                Toast.makeText(DB3Activity.this, "数据查询成功",
Toast.LENGTH_SHORT).show();
            }
            else if(arg0 == insertBtn)
            {
                myc.insertItem();
                Toast.makeText(DB3Activity.this, "数据插入成功",
Toast.LENGTH_SHORT).show();
            }
            else if(arg0 == deleteItemBtn)
            {
                myc.deleteItem();
                Toast.makeText(DB3Activity.this, "删除数据成功",
Toast.LENGTH_SHORT).show();
            }
        }
    }
}
```

程序执行后，查看“Logcat”工具面板，如图 5-13 所示。

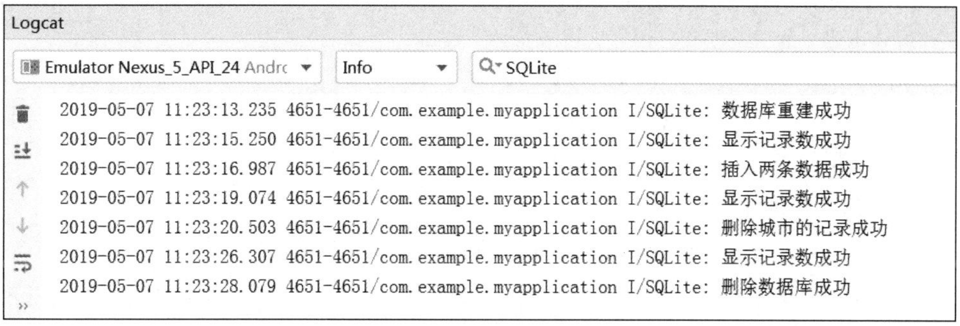

图 5-13 “Logcat”工具面板

第 5 章 实战演练

5.5 实战演练——掌上日记本

编写一个掌上日记本应用程序，用 SQLite 数据库保存信息，界面效果如图 5-14 所示。

图 5-14 掌上日记本界面效果

完成实战演练需要编写一个操作数据库的 Java 程序、两个布局文件和两个 Activity 程序。

提示 1：日记数据表的字段

```
static final String TABLE_NAME = "mydiary";//日记数据表名称
static final String ID = "id";    //ID，数据表的主键
static final String BODY = "body"; //日记正文
static final String TIME= "time"; //日期和时间
```

提示 2：使用 List 存放来自数据库的记录，使用 HashMap 存放一条记录，可参例 1-13。

```
List  data = new ArrayList();
    while (cursor.moveToNext()) {
        int id = cursor.getInt(0);
        String body = cursor.getString(1);
        String time=cursor.getString(2);
        Map map = new HashMap();
        if(body.length()>15)
            body=body.substring(0,15);
        map.put("id", id);
        map.put("body", body);
```

```
        map.put("body", body);
    map.put("time", time);
    data.add(map);
}
```

提示 3：列表选项监听的关键是取出 ListView 的位置 position。

```
listdb.setOnItemClickListener(new AdapterView.OnItemClickListener()
{
    @Override
    public void onItemClick(AdapterView<?> parent, View view,
                            int position, long id) {
        //按照用户选择在 ListView 的位置取出对应的一条日记记录
        HashMap map = (HashMap)data.get(position);
        nid = (int) map.get("id");
        …
    }
});
```

思维导图

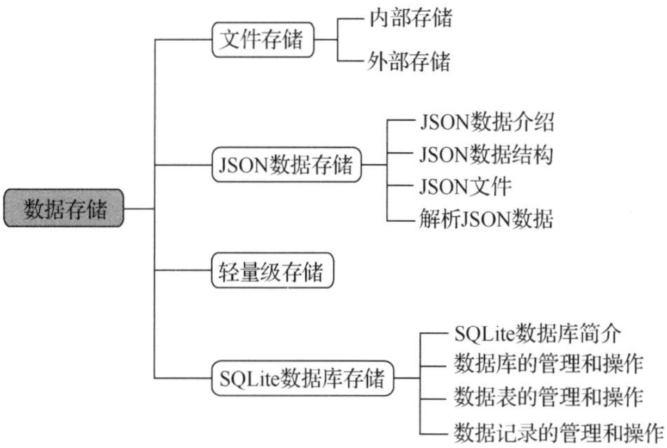

本章小结

- Android 有多种数据存储方式，包括文件存储、JSON 数据存储、轻量级存储（SharedPreferences）、SQLite 数据库存储等。
- 文件存储是 Android 中基本的数据存储方式，与 Java 的文件存储一样，都是通过 I/O 流的形式把数据直接存储到文件中。Android 的文件存储分为内部存储和外部存储。

形式表示数据，其文件易于阅读和编写。

- SharedPreferences 用来存储一些简单的配置信息，可存储用户名、密码等。
- SQLite 数据库是一个 Android 自带轻量级的关系数据库，支持基本 SQL 语法。SQLite 数据库文件是一个普通的磁盘文件。SQLite 数据库的管理和操作有 3 个层次。

① 数据库的管理和操作：创建数据库或删除数据库。

② 数据表的管理和操作：创建、修改或删除数据库中的数据表。

③ 数据记录的管理和操作：对数据表中的数据记录进行添加、删除、修改、查询等操作。

第 6 章　图像和动画

学习目标

- 掌握几何图形的绘制
- 掌握几种基础的动画实现
- 掌握几种图像浏览技术
- 掌握游戏中的触屏事件处理

第 6 章　本章知识

Android 项目中为了得到更好的界面展示效果，不可避免地会用到图片和动画。Android 关于图像处理和动画视觉的技术更新比较快。本章将通过 7 个案例来介绍简单图形的绘制技术和基本的动画技术。

6.1　图形绘制

Android 绘图中非常简单的就是使用 Canvas 绘制几何图形。Canvas 被称为画布，在上面可以绘制各种东西，是 Android 系统 2D 图形绘制的基础。屏幕原点在左上角，坐标为(0,0)，过原点的水平直线为 x 轴，向右为正方向；过原点的垂线为 y 轴，向下为正方向。

6.1.1　几何图形绘制类

在 Android 系统中绘制几何图形需要用到一些绘图工具，如画布类（Canvas）、画笔类（Paint）和路径类（Path）。这些绘图工具都在 android.graphics 包中。

下面介绍这些绘图工具的常用方法和属性。

1. Canvas

Canvas 是在 Android 系统中绘制几何图形的主要工具，其常用方法如表 6-1 所示。

表 6-1　Canvas 的常用方法

操作类型	相关方法	备注
绘制颜色	drawColor()、drawRGB()、drawARGB()	使用单一颜色填充整个画布

续表

操作类型	相关方法	备注
绘制基本形状	drawPoint()、drawPoints()、drawLine()、drawLines()、drawRect()、drawRoundRect()、drawOval()、drawCircle()、drawArc()	绘制点、线、矩形、圆角矩形、椭圆、圆、圆弧
绘制图片	drawBitmap()、drawPicture()	绘制位图和矢量图
绘制文本	drawText()、drawPosText()、drawTextOnPath()	绘制文字、指定每个文字位置、依据路径绘制文字
绘制路径	drawPath()	路径绘制
画布剪裁	clipPath()、clipRect()	设置画布的显示区域
画布变换	translate()、scale()、rotate()、skew()	移动、缩放、旋转、倾斜

2. Paint

Paint 用来描述画笔颜色和风格，如线条宽度、透明度等信息，其常用方法如表 6-2 所示。

表 6-2　Paint 的常用方法

方法	功能
Paint()	构造方法，创建一个辅助画笔对象
setColor(int color)	设置画笔颜色
setStrokeWidth(float width)	设置画笔的线条宽度
setTextSize(float textSize)	设置文字尺寸
setAlpha(int a)	设置透明度值
setAntiAlias(boolean b)	除去边缘锯齿，取 true 值
setStyle(Paint.Style style)	设置图形为空心（Paint.Style.STROKE）或实心（Paint.Style.FILL）的

3. Path

当绘制由一些线段组成的图形（如三角形、四边形等）时，需要用 Path 来描述线段的路径，其常用方法如表 6-3 所示。

表 6-3 Path 的常用方法

方法	功能
lineTo(float x,float y)	从当前点到指定点画连线
moveTo(float x,float y)	移动到指定点
close()	关闭路径

6.1.2 几何图形的绘制过程

在 Android 中绘制几何图形的一般过程如下。

（1）创建一个 View 的子类，并重写 View 类的 onDraw()方法。

（2）在 View 的子类中使用 Canvas 对象绘制各种几何图形。

【例 6-1】绘制几何图形示例。

例 6-1 演示视频

新建项目 Chap06，本案例需创建一个控制文件 DrawActivity.java，无须创建布局文件。

创建一个内部类 TestView，继承 Android.view.View，重写父类 View 的 onDraw()方法，在 onDraw()方法中运用 Paint 对象（画笔），在 Canvas 对象（画布）上绘制图形。

控制文件 DrawActivity.java 的源代码如下：

```
public class DrawActivity extends AppCompatActivity
{
    @Override
    public void onCreate(Bundle savedInstanceState)
    {
        super.onCreate(savedInstanceState);
        TestView tView=new TestView(this);
        setContentView(tView);
    }
    private class TestView extends View
    {
        private int width = 550;
        private int height = 750;
        private Paint paint;

        public TestView(Context context) {
            super(context);
        }

        @Override
    protected void onDraw(Canvas canvas) {
```

```
        paint = new Paint();
            paint.setColor(Color.BLUE);          //设置画笔颜色为蓝色
            paint.setStrokeWidth(6);             //设置画笔的线条宽度
            rotate(canvas);       //可分别测试 rotate()和 rotate2()方法
        }

        //绘制由直线构成的几何图形
        private void rotate(Canvas canvas) {
            canvas.translate(width, height); //移动画布
            int bc = 2;//线条初始长度
            for (int i = 1; i < 100; i++) {
                canvas.drawLine(0, 0, bc, bc, paint);//画线
                canvas.translate(bc, bc);       //移动画布
                canvas.rotate(91);              //旋转画布
                bc += 5;
            }
        }

        //给直线设置 4 种不同颜色
        private void rotate2(Canvas canvas) {
            canvas.drawColor(Color.BLACK);                  //设置背景颜色为黑色
            canvas.translate(width, height);                //移动画布
            int cc[] = {
                    Color.RED,
                    Color.BLUE,
                    Color.GREEN,
                    Color.MAGENTA
            };
            int bc = 2;//线条初始长度
            for (int i = 1; i < 100; i++) {
                paint.setColor(cc[i % 4]);                  //设置颜色
                canvas.drawLine(0, 0, bc, bc, paint);       //画线
                canvas.translate(bc, bc);                   //移动画布
                canvas.rotate(91);                          //旋转画布
                bc += 5;
            }
        }
    }
}
```

程序的运行效果如图 6-1 所示。

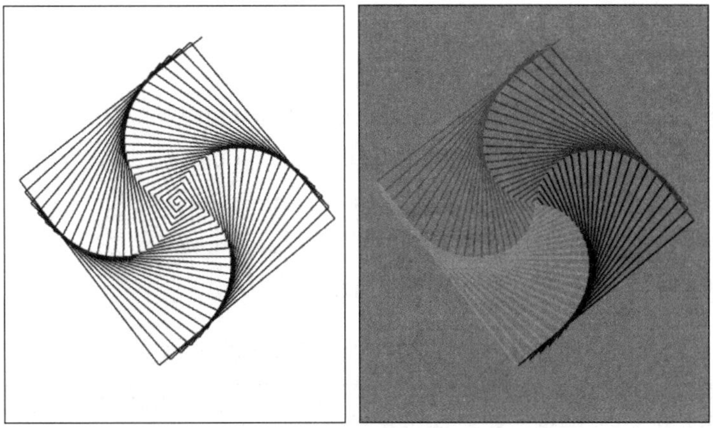

图 6-1　绘制几何图形示例效果

6.2 动画技术

6.2.1　动画组件类

1. 动画组件概述

动画组件（Animations）是一个实现界面动画效果的 API，它提供了一系列的动画效果，可以实现旋转、缩放、淡入淡出等，这些效果可以应用在绝大多数的组件中。

2. Animations 的分类

Animations 从总体上可以分为以下两类。

（1）补间动画。

补间动画（Tweened Animation）只需指定开始、结束的“关键帧”，而变化中的其他帧由系统来计算，不必一帧一帧地去定义。

（2）逐帧动画。

逐帧动画（Frame Animation）可以创建一个 Drawable 序列，Drawable 序列中的图像可以按照指定的时间间隔一个一个地显示。

3. 属性动画

Android 3.0 以后才引进了属性动画（Property Animation），它可以直接更改对象的属性。

上面提到的补间动画中只能更改 View 的绘画效果，而 View 的真实属性是不被改变的。比如在补间动画中将一个按钮从左边移到右边，无论怎么点击移动后的按钮都没有反应，而点击移动前的按钮的位置时才有反应，这是因为按钮的位置属性没有变。

而属性动画则可以直接改变 View 对象的属性值，这样可以让编程人员少做一些处理工作，提高了工作效率与代码的可读性。

下面讨论补间动画和属性动画的实现。

6.2.2 补间动画

1. 补间动画效果的种类及对应的子类

补间动画共有 4 种动画效果及对应的子类。

（1）Alpha：淡入淡出效果，其对应子类为 AlphaAnimation。

（2）Scale：缩放效果，其对应子类为 ScaleAnimation。

（3）Rotate：旋转效果，其对应子类为 RotateAnimation。

（4）Translate：移动效果，其对应子类为 TranslateAnimation。

动画效果对应子类的构造方法如表 6-4 所示。

表 6-4 动画效果对应子类的构造方法

对应子类的构造方法	参数说明
AlphaAnimation(float fromAlpha, float toAlpha)	参数 1 fromAlpha：起始透明度。 参数 2 toAlpha：终止透明度。 （取值为 0.0～1.0，1.0 表示完全不透明，0.0 表示完全透明）
ScaleAnimation(float fromX, float toX, float fromY, float toY, int pivotXType, float pivotXValue, int pivotYType, float pivotYValue)	参数 1 fromX：x 轴的初始值。 参数 2 toX：x 轴收缩后的值。 参数 3 fromY：y 轴的初始值。 参数 4 toY：y 轴收缩后的值。 参数 5 pivotXType：确定 x 轴坐标的类型。 参数 6 pivotXValue：x 轴的值，0.5f 表示是以自身这个组件的一半长度为 x 轴。 参数 7 pivotYType：确定 y 轴坐标的类型。 参数 8 pivotYValue：y 轴的值，0.5f 表示是以自身这个组件的一半长度为 y 轴
RotateAnimation(float fromDegrees, float toDegrees, int pivotXType, float pivotXValue, int pivotYType, float pivotYValue)	参数 1 fromDegrees：从哪个角度开始旋转。 参数 2 toDegrees：旋转到哪个角度。 后面的 4 个参数用于设置围绕着旋转的圆的圆心位置。 参数 3 pivotXType：确定 x 轴坐标的类型，取值有 ABSOLUT（绝对坐标）、RELATIVE_TO_SELF（相对于自身坐标）、RELATIVE_ TO_ PARENT（相对于父组件的坐标）。 参数 4 pivotXValue：x 轴的值，0.5f 表示是以自身这个组件的一半长度为 x 轴。 参数 5 pivotYType：确定 y 轴坐标的类型。 参数 6 pivotYValue：y 轴的值，0.5f 表示是以自身这个组件的一半长度为 y 轴。

续表

对应子类的构造方法	参数说明
TranslateAnimation(	
float fromXDelta,	参数 1 fromXDelta：x 轴的开始位置。
float toXDelta,	参数 2 toXDelta：x 轴的结束位置。
float fromYDelta,	参数 3 fromYDelta：y 轴的开始位置。
float toYDelta	参数 4 toYDelta：y 轴的结束位置
)	

2. AnimationSet 类

AnimationSet 是 Animation 的子类，用于设置 Animation 的属性。

例 6-2　演示视频

例 6-2　布局文件 activity_main.xml 源代码

【例 6-2】编写一个可以旋转、缩放、淡入淡出、移动的补间动画程序。

（1）先将图片 an.jpg 复制到项目的 drawable 目录下。

（2）设计布局文件 activity_main.xml，使用垂直方向的线性布局，并放置 4 个按钮组件（rotateButton、scaleButton、alphaButton、translateButton）和 1 个图像显示组件（image）。布局的组件、属性和效果如图 6-2 所示。

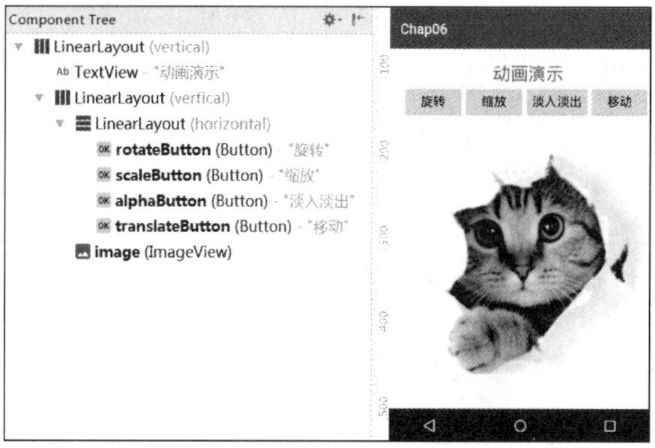

图 6-2　布局的组件、属性和效果

（3）编写控制文件 TwAnimationActivity.java。

控制文件 TwAnimationActivity.java 的源代码如下：

```
public class TwAnimationActivity extends AppCompatActivity {
    private Button rotateButton = null;
    private Button scaleButton = null;
    private Button alphaButton = null;
    private Button translateButton = null;
    private ImageView image = null;
```

```
    @Override
    protected void onCreate(Bundle savedInstanceState) {
        super.onCreate(savedInstanceState);
        setContentView(R.layout.activity_main);
        rotateButton = (Button)findViewById(R.id.rotateButton);
        scaleButton = (Button)findViewById(R.id.scaleButton);
        alphaButton = (Button)findViewById(R.id.alphaButton);
        translateButton = (Button)findViewById(R.id.translateButton);
        image = (ImageView)findViewById(R.id.image);
        rotateButton.setOnClickListener(new RotateButtonListener());
        scaleButton.setOnClickListener(new ScaleButtonListener());
        alphaButton.setOnClickListener(new AlphaButtonListener());
        translateButton.setOnClickListener(new TranslateButtonListener());
    }
    class RotateButtonListener implements OnClickListener{
        public void onClick(View v) {
            AnimationSet animationSet = new AnimationSet(true);
            RotateAnimation rotateAnimation = new RotateAnimation(0, 360,
                    Animation.RELATIVE_TO_SELF, 0.5f,
                    Animation.RELATIVE_TO_SELF, 0.5f);
            rotateAnimation.setDuration(1000);
            animationSet.addAnimation(rotateAnimation);
            image.startAnimation(animationSet);
        }
    }
    class ScaleButtonListener implements OnClickListener{
        public void onClick(View v) {
            AnimationSet animationSet = new AnimationSet(true);
            ScaleAnimation scaleAnimation = new ScaleAnimation(
                    0, 0.1f, 0, 0.1f, Animation.RELATIVE_TO_SELF,
                    0.5f, Animation.RELATIVE_TO_SELF, 0.5f);
            scaleAnimation.setDuration(1000);
            animationSet.addAnimation(scaleAnimation);
            image.startAnimation(animationSet);
        }
    }
    class AlphaButtonListener implements OnClickListener{
```

```
        public void onClick(View v) {
            //创建一个 AnimationSet 对象，参数为 boolean 类型
            AnimationSet animationSet = new AnimationSet(true);
            //创建一个 AlphaAnimation 对象，参数表示从完全不透明到完全透明
            AlphaAnimation alphaAnimation = new AlphaAnimation(1, 0);
            //设置动画执行的时间
            alphaAnimation.setDuration(500);
            //将 AlphaAnimation 对象添加到 AnimationSet 对象中
            animationSet.addAnimation(alphaAnimation);
            //使用 ImageView 的 startAnimation()方法执行动画
            image.startAnimation(animationSet);
        }
    }
    class TranslateButtonListener implements OnClickListener{
        public void onClick(View v) {
            AnimationSet animationSet = new AnimationSet(true);
            TranslateAnimation translateAnimation =
                    new TranslateAnimation(
                            Animation.RELATIVE_TO_SELF, 0f,
                            Animation.RELATIVE_TO_SELF, 0.5f,
                            Animation.RELATIVE_TO_SELF, 0f,
                            Animation.RELATIVE_TO_SELF, 0.5f);
            translateAnimation.setDuration(1000);
            animationSet.addAnimation(translateAnimation);
            image.startAnimation(animationSet);
        }
    }
}
```

程序的运行效果如图 6-3 所示。

图 6-3 补间动画示例效果

6.2.3 属性动画

1. 属性动画的核心类

属性动画就是通过控制对象中的属性值而产生的动画。属性动画的核心类有 ValueAnimator 和 ObjectAnimator。

（1）ValueAnimator 类。

ValueAnimator 是整个属性动画机制中非常核心的一个类。属性动画的运行机制是通过不断地对值进行操作来实现

的，而初始值和结束值之间的动画过渡就是由 ValueAnimator 类来计算的。ValueAnimator 的内部使用一种时间循环的机制来计算初始值与结束值之间的动画过渡，我们只需要将初始值和结束值提供给 ValueAnimator，并告诉它动画运行所需的时长，ValueAnimator 就会自动实现从初始值平滑地过渡到结束值这样的效果。除此之外，ValueAnimator 还负责管理动画的播放次数、播放模式及对动画设置监听器等。

（2）ObjectAnimator 类。

ObjectAnimator 是 ValueAnimator 的子类，它本身就已经包含时间引擎和值计算，所以它拥有为对象的某个属性设置动画的功能，这使得为任何对象设置动画更加容易。

ObjectAnimator 类是设计动画中较常用的类，因为 ValueAnimator 只不过对值进行了平滑的动画过渡，但实际使用到这种功能的场景并不多。而 ObjectAnimator 则不同，它可以直接对任意对象的任意属性进行动画操作，如 View 的 Alpha 属性。

构造 ObjectAnimator 对象的方法为 ofFloat()，其方法原型为：

```
Public static ObectAnimator ofFloat(
  Object target,
  String propertyName,
float... values
);
```

它有 3 个参数，含义如下。

- target 用于指定动画对象要操作的控件。
- propertyName 用于指定动画对象所要操作控件的属性。
- values 是可变长参数，用于设置动画的起点和终点位置。

2. 应用 ObjectAnimator 类实现属性动画

例 6-3 演示视频

下面通过一个案例来说明如何应用 ObjectAnimator 类实现属性动画。

【例 6-3】编写一个可以旋转、缩放、淡入淡出的属性动画程序。

（1）先准备图片 an.jpg，将其复制到项目的 res/drawable 目录下。

（2）编写界面布局文件 objectanimator.xml，使用垂直方向的线性布局，并放置 3 个按钮组件（button1、button3、button2）和 1 个图像显示组件（imageView），布局的组件、属性和效果如图 6-4 所示。

例 6-3 布局文件 objectanimator.xml 源代码

图 6-4 布局的组件、属性和效果

（3）编写控制文件 ObAnimatorActivity.java。

控制文件 ObAnimatorActivity.java 的源代码如下：

```
public class ObAnimatorActivity extends AppCompatActivity {
    Button rotateButton,alphaButton,scaleButton;
    ImageView img;
    @Override
    protected void onCreate(Bundle savedInstanceState) {
        super.onCreate(savedInstanceState);
        setContentView(R.layout.objectanimator);
        img = (ImageView)findViewById(R.id.imageView);
        rotateButton = (Button)findViewById(R.id.button1);
        alphaButton = (Button)findViewById(R.id.button2);
        scaleButton = (Button)findViewById(R.id.button3);
        rotateButton.setOnClickListener(new mClick());
        alphaButton.setOnClickListener(new mClick());
        scaleButton.setOnClickListener(new mClick());
    }
    public class mClick implements View.OnClickListener
    {
        @Override
        public void onClick(View v) {
            if(v == rotateButton) {
  ObjectAnimator animator = ObjectAnimator.ofFloat(img,"rotation",0.0F,360.0F);
                animator.setDuration(1000);
                animator.start();
            }
            else if(v == alphaButton){
  ObjectAnimator animator = ObjectAnimator.ofFloat(img,"alpha",1.0F,0.0F,1.0F);
                animator.setDuration(3000);
                animator.start();
            }
            else if(v == scaleButton){
  ObjectAnimator animator = ObjectAnimator.ofFloat(img,"ScaleY",1.0F,0.5F,1.0F);
                animator.setDuration(5000);
                animator.start();
            }
        }
    }
}
```

程序的运行效果如图 6-5 所示。

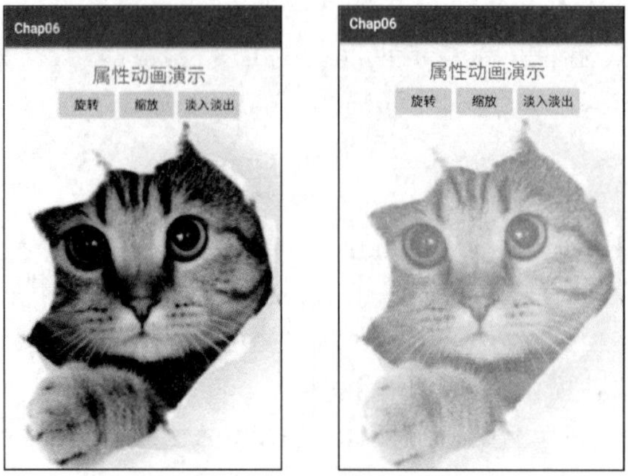

图 6-5　属性动画示例效果

6.3 图像浏览

图像浏览是很常见的功能，Android 实现图像浏览的方法很多。随着版本更新，一些老的组件被逐渐替代，如 Gallery 和 SlidingDraw，同时，另一些更有设计感的新组件正不断被推出。

6.3.1 图像显示

图像显示（ImageView）用于显示图片或图标等图像资源，并提供图像缩放及着色（渲染）等图像处理功能。详见 1.4.3 小节的介绍。

例 6-4　演示视频

【例 6-4】ImageView 图像浏览示例。

（1）将事先准备好的多张图片复制到资源 res/drawable 目录下。

（2）设计界面布局文件 activity_photo.xml。在界面设计中，安排 2 个按钮组件（btn_last、btn_next）和 1 个图像显示组件（img），点击按钮可以翻阅、浏览图片，布局的组件、属性和效果如图 6-6 所示。

（3）设计控制文件，建立组件与 UI 的关联，添加按钮的事件处理。

例 6-4　布局文件 activity_photo.xml 源代码

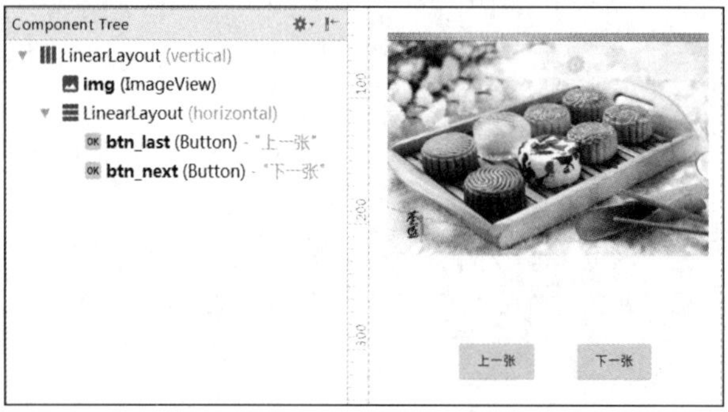

图 6-6　布局的组件、属性和效果

控制文件 PhotoActivity.java 的源代码如下：

```
public class PhotoActivity extends Activity
implements OnClickListener
{
    ImageView img;
    Button btn_last, btn_next;
    //存放图片 ID 的 int 数组
    private int[] imgs={
            R.drawable.pic0,
            R.drawable.pic1,
            R.drawable.pic2 };
    int index=1;
    @Override
    public void onCreate(Bundle savedInstanceState) {
        super.onCreate(savedInstanceState);
        setContentView(R.layout.layout_photo);
        img = (ImageView)findViewById(R.id.img);
        btn_last = (Button)findViewById(R.id.btn_last);
        btn_next = (Button)findViewById(R.id.btn_next);
        btn_last.setOnClickListener(this);
        btn_next.setOnClickListener(this);
    }

    public void onClick(View v)
    {
        if(v==btn_last)
        {
            if(index>0)
                index--;
            else
                index=imgs.length-1; //本案例共 3 张图片，故 imgs.length 值为 3
        }
        if(v==btn_next)
        {
            if(index<imgs.length-1)
                index++;
            else
```

```
                index=0;
            }
            img.setImageResource(imgs[index]);
        }
    }
```

6.3.2 图片切换

图片切换（ImageSwitcher）用于在 Android 中控制图片的展示效果，如幻灯片效果等。

使用 ImageSwitcher 时，必须用 ViewFactory 接口的 makeView()方法创建视图。ImageSwitcher 类的常用方法如表 6-5 所示。

表 6-5 ImageSwitcher 类的常用方法

方法	说明
setInAnimation(Animation inAnimation)	设置绘制图画对象进入屏幕的方式
setOutAnimation(Animation outAnimation)	设置绘制图画对象退出屏幕的方式
setImageResource(int resid)	设置显示的初始图片
showNext()	显示下一个视图
showPrevious()	显示前一个视图

可以使用 ImageSwitcher 和水平滚动组件（HorizontalScrollView）实现滚动浏览相册功能。在图 6-7 中，上面的大图使用的是 ImageSwitcher，下面的小图使用的是 HorizontalScrollView。

HorizontalScrollView 应用 FrameLayout，这意味着在它里面只能放置一个子组件，放入的子组件可以是一个布局组件，如线性布局 LinearLayout。

下面介绍的案例中，HorizontalScrollView 的使用方法如下：

（1）在布局文件的最外层建立一个 HorizontalScrollView 组件；

（2）在 HorizontalScrollView 组件中加入一个 LinearLayout 组件；

（3）在 LinearLayout 组件中放入多个装有图片的 ImageView 组件。

例 6-5　演示视频

【例 6-5】用 ImageSwitcher 展示相册示例。

在界面中安排一个图片切换器（ImageSwitcher）和布局容器（HorizontalScrollView），点击布局容器里的小图片，就会在图片切换器中出现放大的图片，效果如图 6-7 所示。

（1）把事先准备好的一批图片文件复制到项目的资源目录 res/drawable 中。

（2）设计布局文件，该布局文件要使用水平方向线性布局。

图 6-7　相册效果

布局文件 image_show.xml 的源代码如下：

```
<?xml version="1.0" encoding="UTF-8"?>
<LinearLayout xmlns:android="http://schemas.android.com/apk/res/android"
    android:layout_width="match_parent"
    android:layout_height="match_parent"
    android:orientation="vertical" >

    <ImageSwitcher
        android:id="@+id/switcher"
        android:layout_width="match_parent"
        android:layout_height="550dp"/>

    <HorizontalScrollView
        android:id="@+id/gallery"
        android:layout_width="match_parent"
        android:layout_height="wrap_content"
        android:layout_alignParentLeft="true"
        android:layout_alignParentTop="true"
        android:padding="3pt">
    </HorizontalScrollView>
</LinearLayout>
```

（3）编写控制文件，在控制文件中创建图片文件数组。创建一个图片文件数组 mImageIds[]，其数组的元素为图片文件，为这批文件的缩略图也创建一个图片文件数组 mThumbIds[]。

通过 ViewFactory 接口建立 ImageView，并实现用 OnItemSelectedListener 接口来选择图片。

控制文件 ImageShowActivity.java 的源代码如下：

```
public class ImageShowActivity extends AppCompatActivity
implements  ViewSwitcher.ViewFactory
{
    private Integer[] mThumbIds = { R.drawable.sample_thumb_0,
            R.drawable.sample_thumb_1, R.drawable.sample_thumb_2,
            R.drawable.sample_thumb_3, R.drawable.sample_thumb_4,
            R.drawable.sample_thumb_5, R.drawable.sample_thumb_6,
            R.drawable.sample_thumb_7 };

    private Integer[] mImageIds = { R.drawable.sample_0,R.drawable.sample_1,
```

```
        R.drawable.sample_2, R.drawable.sample_3, R.drawable.sample_4,
        R.drawable.sample_5, R.drawable.sample_6, R.drawable.sample_7 };

private ImageSwitcher mSwitcher;
private HorizontalScrollView hsv ;

@Override
protected void onCreate(Bundle savedInstanceState) {
    super.onCreate(savedInstanceState);
    setContentView(R.layout.image_show);
    mSwitcher = (ImageSwitcher) findViewById(R.id.switcher);
    mSwitcher.setFactory(this);
    hsv = (HorizontalScrollView) findViewById(R.id.gallery);
    initView();
}

public void initView() {
    final LinearLayout layout = new LinearLayout(this);
    //添加子视图
    for (int i = 0; i < mThumbIds.length; i++) {
        ImageView img = new ImageView(this);
        img.setId(i);
        img.setImageResource(mThumbIds[i]);
        layout.addView(img);
        img.setOnClickListener(new View.OnClickListener() {
            public void onClick(View v) {
                //设置资源， 用 v.getId()获取 ID
                mSwitcher.setImageResource(mImageIds[v.getId()]);
            }
        });
    }
    hsv.addView(layout);
    mSwitcher.setImageResource(R.drawable.sample_0);
}

@Override
public View makeView() {
```

```
        ImageView img = new ImageView(this);
        //设置背景颜色
        img.setBackgroundColor(0xFF000000);
        //设置图片显示的缩放方式
        img.setScaleType(ImageView.ScaleType.FIT_CENTER);
        //设置显示的图片在其容器中的填充方式
        img.setLayoutParams(new ImageSwitcher.LayoutParams(
               LinearLayout.LayoutParams.MATCH_PARENT,
               LinearLayout.LayoutParams.MATCH_PARENT));
        return img;
    }
}
```

6.3.3 网格视图

网格视图（GridView）与列表视图（ListView）都是比较常用的多组件布局，而 GridView 更是实现九宫图的首选。

GridView 可以把一个空间组织成一个二维的网格，然后放入一批图片。加入的若干图片，会被统一进行大小限制和加边框处理。

GridView 需要一个合适的适配器（Adapter）协助。适配器是 View 和数据的“桥梁”。在一个 ListView 或 GridView 中，不可能给每一行或每个格子都新建一个 View。在第 1 章介绍的 ArrayAdapter 可以将一批数据输出到 ListView。

1. BaseAdapter

BaseAdapter 是非常基础的 Adapter 类，也是非常实用的一个类，相比其子类 ArrayAdapter 难理解一些。BaseAdapter 作为非常基础的适配器，它几乎可以做所有的事情，不像 ArrayAdapter 等封装好的子类有很多局限。

2. BaseAdapter 的用法

BaseAdapter 是一个抽象类，程序需要通过继承 BaseAdapter 实现它的抽象方法来自定义自己的 Adapter。继承 BaseAdapter 需要实现它的 4 个抽象方法：getCount()、getItem()、getItemId()和 getView()。

可以简单地理解为，适配器先从 getCount()里确定数量，然后循环执行 getView()方法以将图片一个一个地绘制出来，所以必须重写 getCount()和 getView()方法。而 getItem()和 getItemId()如果不需要使用，可以不修改。

最后，需要给 GridView 设置监听器，和列表的选项点击事件监听一样，需要将接口 AdapterView. OnItemClickListener 的 onItemClick()方法加以实现。

【例 6-6】用 GridView 展示相册示例，效果如图 6-8 所示。

例 6-6　演示视频

图 6-8　GridView 展示相册示例效果

程序设计步骤如下。

（1）搭建图形界面，设计布局文件。

布局文件 grid_view.xml 的源代码如下：

```
<?xml version="1.0" encoding="utf-8"?>
<GridView xmlns:android="http://schemas.android.com/apk/res/android"
    android:id="@+id/grid_view"
    android:layout_width="fill_parent"
    android:layout_height="fill_parent"
    android:numColumns="auto_fit"
    android:verticalSpacing="10dp"
    android:horizontalSpacing="10dp"
    android:columnWidth="90dp"
    />
```

上述代码中关于 GridView 的补充如下。

- GridView 的主要属性。

① android:numColumns="auto_fit"：GridView 的列数设置为自动。

② android:stretchMode="columnWidth"：拉伸列宽。

③ android:verticalSpacing="10dp"：两行之间的边距。

④ android:horizontalSpacing="10dp"：两列之间的边距。

其中 android:stretchMode 属性取值可以是 none（不拉伸）、spacingWidth（仅拉伸元素间距）、columnWidth（仅拉伸列宽）或 spacingWidthUniform（平均分配空间）。

（2）新建一个子类，为继承 BaseAdapter 的数据适配器，以便于将一批数据输出到 UI。

数据适配器 ImageAdapter.xml 的源代码如下：

```
//新建一个类继承 BaseAdapter
class ImageAdapter extends BaseAdapter {
    private Context mContext;
    public ImageAdapter(Context c) {
        mContext = c;
    }
    public int getCount() {
        return mThumbIds.length;
    }
    public Object getItem(int position) {
        return null;
    }
    public long getItemId(int position) {
        return 0;
    }
    public View getView(int position, View convertView, ViewGroup parent)
    {
        ImageView imageView;
        if (convertView == null) {
            //初始化下面的属性
            imageView = new ImageView(mContext);
            //设置 View 的高度和宽度，每个图片都会被统一限制大小
            imageView.setLayoutParams(new GridView.LayoutParams(385, 385));
            //声明图片的中心点，应该和 ImageView 的中心点一致，并按比例扩大或缩小图片，
                                                                  确保填满 ImageView
            imageView.setScaleType(ImageView.ScaleType.CENTER_CROP);
            //声明内部图片与 ImageView 的边距
            imageView.setPadding(8, 8, 8, 8);
        } else {
            imageView = (ImageView) convertView;
        }
        //会根据设备分辨率进行图片大小缩放
        imageView.setImageResource(mThumbIds[position]);
        return imageView;
    }
}
```

（3）编写控制文件，初始化数据，并添加事件处理。

控制文件 GridViewActivity.java 的源代码如下：

```
public class GridViewActivity extends Activity
    implements AdapterView.OnItemClickListener{
//定义一个数组来引用图片资源
private Integer[] mThumbIds = { R.drawable.grid_view_01,
        R.drawable.grid_view_02, R.drawable.grid_view_03,
        R.drawable.grid_view_04, R.drawable.grid_view_05,
        R.drawable.grid_view_06, R.drawable.grid_view_07,
        R.drawable.grid_view_08, R.drawable.grid_view_09,
        R.drawable.grid_view_10, R.drawable.grid_view_11,
        R.drawable.grid_view_12, R.drawable.grid_view_13,
        R.drawable.grid_view_14, R.drawable.grid_view_15};

@Override
public void onCreate(Bundle savedInstanceState) {
    super.onCreate(savedInstanceState);
    setContentView(R.layout.grid_view);
    setTitle("GridViewActivity");
    GridView gridview = (GridView) findViewById(R.id.grid_view);

    gridview.setAdapter(new ImageAdapter(this));
    gridview.setOnItemClickListener(this);
}
//如果 AdapterView 被点击则返回 Item 的点击事件，实战演练的代码应补充在这里
@Override
public void onItemClick(AdapterView<?> parent, View view, int position,
        long id) {
        Toast.makeText(getApplicationContext(),
                "Item Clicked: " + position, Toast.LENGTH_SHORT).show();
        }
}
```

6.4 游戏中的触屏事件处理

当屏幕受到某种触碰时，可根据不同情况，进行不同处理。手指的按下、抬起、滑动是 3 个比较基本的触屏动作。

下面来实现一个功能，把图片显示在手指点击屏幕的地方，图片能根据手指的点击而移动。

在界面上设计两个角色：海豚 Alice 和小动物。

当手指点击屏幕时，小动物就移动到点击位置。如果点击位置在海豚的区域内，则小动物保持原来位置不动，弹出一个“不能碰到 Alice”的提示信息。

程序涉及 3 个知识点，下面一一介绍。

1. Canvas 绘制图片

Canvas 绘制图片分为绘制位图（drawBitmap()）和绘制矢量图（drawPicture()）。这里介绍绘制位图的方法。

位图（Bitmap）包含长、宽、颜色等描述信息，可以通过这些信息计算出图片的分辨率和占用内存等情况。位图可以理解为画架，把图片放到上面，然后就可以对图片做一些处理了。

绘制位图需要两个步骤：图片的加载和图片的绘制。

图片的加载需要使用 BitmapFactory 类，如果从资源中读取图片，可以这样操作：

```
Bitmap mAlice = BitmapFactory.decodeResource(getResources(), R.drawable.
alice);
```

完成图片加载后，下一步就是将其绘制到画布。

位图的绘制方法的语法格式：

```
drawBitmap(Bitmap bitmap, float x,float y, Paint paint);
```

参数 x 和 y 是位图左上角的坐标。参数 paint 可以为 null，例如：

```
canvas.drawBitmap(mAlice, x, y, null);
```

2. 实现触屏监听接口 View.OnTouchListener

程序需要实现触屏监听接口的监听方法 onTouch()，示例如下：

```
class onTouch implements View.OnTouchListener{
    int x,y;
    @Override
    public boolean onTouch(View v, MotionEvent event) {
    //TODO
        return true;
    }
}
```

上面的 onTouch()方法的参数 v 是事件源对象；event 为事件对象，事件对象有 3 种常量。

（1）MotionEvent.ACTION_DOWN：按下。

（2）MotionEvent.ACTION_UP：抬起。

（3）MotionEvent.ACTION_MOVE：滑动。

对比 View.OnTouchListener 和 View.OnClickListener，虽然这两种监听接口都很常用，

但是触屏事件监听接口的优先级更高。

3. 检测两个图片是否碰撞

先获取位图的尺寸，可以用 get 方法实现，示例如下：

```
w = mBitmap.getWidth();
h = mBitmap.getHeight();
```

然后判断点击的位置是否落在图像区域内，示例如下：

```
if((dongx<tAlicex)&&(dongy<tAlicey)){
Toast.makeText(TouchActivity.this,"不能碰到 Alice",Toast.LENGTH_SHORT).
            show();
     }else{
          x = dongx;
          y = dongy;
}
```

【例 6-7】游戏中触屏事件处理示例。

本案例无须创建布局文件。将图片 logo.gif 和 alice.jpg 复制到 res 资源的图片目录，然后创建控制文件 TouchActivity.java 即可。示例效果如图 6-9 所示。

例 6-7　演示视频

图 6-9　游戏中触屏事件处理示例效果

控制文件 TouchActivity.java 的源代码如下：

```
public class TouchActivity extends Activity {
   TestView testView;
   @Override
   public void onCreate(Bundle savedInstanceState) {
       super.onCreate(savedInstanceState);
       testView = new TestView(this);
       setContentView(testView);
       testView.setOnTouchListener(new onTouch());
```

```
    }

    class  onTouch implements View.OnTouchListener{
        int x,y;
        @Override
        public boolean onTouch(View v, MotionEvent event) {
            if (event.getAction() == MotionEvent.ACTION_DOWN) {
                x = (int) event.getX();
                y = (int) event.getY();
                testView.getXY(x, y);
                setContentView(testView);
            }
            return false;
        }
    }

    private class TestView extends View {
        Bitmap mBitmap,mAlice;
        int tAlicex,tAlicey;
        public TestView(Context context) {
            super(context);
            mBitmap = BitmapFactory.decodeResource(getResources(),
                                                   R.drawable.logo);
            mAlice = BitmapFactory.decodeResource(getResources(),
                                                   R.drawable.alice);
            tAlicex=mAlice.getWidth();                //获取位图大小
            tAlicey=mAlice.getHeight();
            Log.i("Alice",Integer.toString(tAlicex));
            Log.i("Alice",Integer.toString(tAlicey));
        }
        int x = 600, y = 600;                         //小动物的初始坐标
        void getXY(int dongx, int dongy) {
            if((dongx<tAlicex)&&(dongy<tAlicey)){//小动物不能移动到Alice的图
                                                          像区域内
  Toast.makeText(TouchActivity.this,"不能碰到Alice",Toast.LENGTH_SHORT).
                                show();
            }else{
```

```
                x = dongx;
                y = dongy;
            }
        }
        @Override
        protected void onDraw(Canvas canvas) {
            super.onDraw(canvas);
            canvas.drawBitmap(mAlice, 0, 0, null);
            canvas.drawBitmap(mBitmap, x, y, null);
        }
    }
}
```

一款简单的小游戏就完成了。

第 6 章　实战演练

6.5 实战演练——图片与动画

修改 GridView 的图片查看功能：用户选择一张图片后，界面切换到大图，并设置淡入/淡出的动画效果。可以使用 Intent 和 Activity 传递用户选择的图片信息，在下一个界面展示该图片。

GridView 静态界面如图 6-10 所示。

图 6-10　GridView 静态界面

思维导图

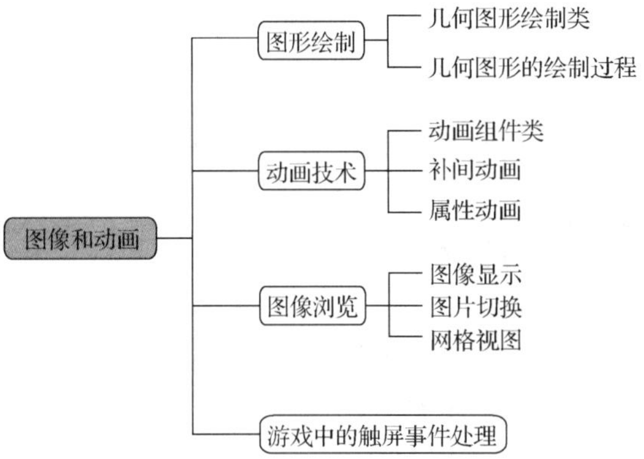

本章小结

- 实现 Android 绘图中非常简单的 2D 图形绘制，需要用到一些绘图工具，例如画布类（Canvas）、画笔类（Paint）和路径类（Path），这些工具都在 android.graphics 包中。绘制几何图形的基础是 Canvas，屏幕原点在左上角，坐标为(0,0)，过原点的水平直线为 x 轴，向右为正方向；过原点的垂线为 y 轴，向下为正方向。
- 动画组件（Animations）提供了一系列的动画效果：旋转、缩放、淡入淡出等。动画总体上可以分为两类。

① 补间动画，只需指定开始和结束的关键帧，变化中的其他帧由系统来计算。

② 逐帧动画，创建一个 Drawable 序列，按照指定的时间间隔一个个地显示图像。

- 图像浏览的方法很多，例如图像显示（ImageView）、图片切换（ImageSwitcher）、网格视图（GridView）。

① ImageView，用于显示图像资源，提供图像缩放及着色（渲染）等功能。

② ImageSwitcher，用于控制图片的展示效果，如幻灯片效果等。

③ GridView，是实现九宫图的首选，可以把空间组织成二维的网格，然后加载一批图片。加载的图片会被统一限制大小和加边框。

- 当屏幕受到某种触碰时，可使用触屏监听接口 View.OnTouchListener，根据不同情况（例如手指的按下、抬起、滑动）进行不同处理。

第7章 网络编程

第7章 本章知识

学习目标

- 了解 WebKit 引擎和 WebView 类
- 熟悉 HTTP 的网络编程
- 掌握 Volley 框架读取网络数据的方法
- 掌握 Volley 框架解析 JSON 数据的方法

Android 网络编程可以使用 Java 的网络编程技术，例如，针对 HTTP（HyperText Transfer Protocol，超文本传送协议）的网络编程。此外，还有许多开源的网络框架被 Android 采用，例如，Web 网页引擎 WebKit、网络通信库 Volley 等。本章通过 4 个案例来介绍网络编程，侧重介绍 Volley 的使用。

7.1 基于 WebKit 的网络编程

7.1.1 WebKit 库

Android 系统内置的浏览器 WebKit 是一个开源的浏览器引擎，拥有清晰的源代码结构、极快的渲染速度。WebKit 内核具有非常好的网页解析机制，很多应用系统都使用 WebKit 做浏览器的内核。例如，Android 的 Browser、iOS 的 Safari 都基于 WebKit。

Android 系统的 WebKit 模块由 Java 层和 WebKit 库两个部分组成，Java 层负责通信，WebKit 库负责实际的网页解析。WebKit 包的几个重要类如表 7-1 所示。

表 7-1 WebKit 包的几个重要类

类名	说明
WebSettings	用于设置 WebView 的特征、属性等
WebView	Web 视图对象，用于基本的网页数据载入、显示等 UI 操作
WebViewClient	在 Web 视图中帮助处理各种通知、请求事件
WebChromeClient	Chrome 浏览器的基类

WebView 类是 WebKit 模块中 Java 层的视图类，所有需要使用 Web 浏览功能的 Android

应用程序都要创建该视图对象，用于显示和处理请求的网络资源。目前，WebKit 模块支持 HTTP、HTTPS（HyperText Transfer Protocol Secure，超文本传输安全协议）、FTP（File Transfer Protocol，文件传送协议）及 JavaScript 请求。

7.1.2　Web 视图

1. WebView 类

WebView 功能强大，除了具有一般 View 的属性和设置外，还可以对 URL（Uniform Resource Locator，统一资源定位符）请求、页面加载、渲染、页面交互进行处理。WebView 类的常用方法如表 7-2 所示。WebView 类的主要功能有以下 3 点。

（1）可显示和渲染 Web 页面。

（2）可直接使用 HTML 文件（网络上或本地 assets 中）进行布局。

（3）可与 JavaScript 交互调用。

表 7-2　WebView 类的常用方法

方法	说明
webView (Context context)	构造方法
loadUrl(String url)	加载 URL 页面
loadData(String data,String mimeType,String encoding)	显示 Web 视图
reload()	重新加载网页
getSettings()	获取 WebSettings 对象
goBack()	返回上一个页面
clearHistory()	清除历史记录

2. WebView 类的调用方式

（1）在布局文件中声明 WebView。

（2）在 Activity 中实例化 WebView，设置要求。

（3）调用 WebView 的 loadUrl()方法。

（4）用 WebView 响应超链接，调用 setWebViewClient()方法，设置 WebView 视图。

（5）通过 WebView 点击链接进行深度访问后，为了使 WebView 支持回退功能，需要覆盖 Activity 的 onKeyDown()方法。如果不做处理，点击 Android 系统的“Back”键，整个浏览器会通过调用 finish ()方法结束自身的运行，而不是回退到上一页。

（6）在 AndroidManifest.xml 中添加权限：

```
<uses-permission android:name="android.permission.INTERNET"/>
```

3. WebView 的使用说明，设定对象为 webView

（1）设置 WebView 的基本信息。

- 如果访问的页面中有 JavaScript 代码，则 WebView 必须设置支持：

```
webView.getSettings().setJavaScriptEnabled(true);
```

- 触摸焦点起作用：

```
requestFocus();
```

- 取消滚动条：

```
this.setScrollBarStyle(SCROLLBARS_OUTSIDE_OVERLAY);
```

（2）设置 WebView 要显示的网页。

设置方式根据网页来源分为两种：

- 来自互联网，如 webView.loadUrl("http: //www.baidu.com");
- 来自本地，如 webView.loadUrl("file://android_asset/abc.html")。

本地文件 abc.html 要存放在项目的 assets 目录中。

（3）通过 WebView 点击链接进行深度访问后，如果不做任何处理，点击“Back”键，浏览器会调用 finish()方法结束自身的运行。如果希望浏览的网页回退而不是退出浏览器，则需要在当前 Activity 中覆盖 onKeyDown(int keycode,KeyEvent key)方法来处理该回退事件。

```
public boolean onKeyDown(int keycode ,KeyEvent key)
{
    if((keycode==KeyEvent.KEYCODE_BACK) && webView.canGoBack())
    {
        webView.goBack();  //返回 WebView 的上一个页面
        return true;
    }
    return false;
}
```

【例 7-1】 应用 WebView 对象浏览网页。

应用 WebView 对象浏览网页，运行效果如图 7-1 所示。

例 7-1　演示视频

图 7-1　应用 WebView 对象浏览网页的运行效果

（1）创建项目 Chap07，项目中要建立布局文件 activity_webview.xml 及控制文件 WebViewActivity.java，还要修改配置文件 AndroidManifest.xml。

（2）设计界面布局文件 activity_webview.xml。在界面布局中设置了一个文本编辑框用于输入网址，设置了一个按钮用于打开网页，还设置了一个 Web 视图组件 WebView 用于显示网页。

布局文件 activity_ webview.xml 的源代码如下：

```
<?xml version="1.0" encoding="utf-8"?>
<LinearLayout xmlns:android="http://schemas.android.com/apk/res/android"
    android:layout_width="fill_parent"
    android:layout_height="fill_parent"
    android:layout_gravity="center_horizontal"
   android:orientation="vertical" >
    <LinearLayout
        android:id="@+id/LinearLayout2"
        android:layout_width="fill_parent"
       android:layout_height="wrap_content" >
       <EditText
           android:id="@+id/editText1"
           android:layout_width="207dp"
           android:layout_height="wrap_content"
           android:layout_weight="1"
           android:hint="http://www.baidu.com"/>
       <Button
           android:id="@+id/button1"
           android:layout_width="wrap_content"
           android:layout_height="wrap_content"
           android:layout_weight="1"
           android:text="打开网页" />
   </LinearLayout>
   <WebView
       android:id="@+id/webView1"
       android:layout_width="fill_parent"
       android:layout_height="fill_parent" />
</LinearLayout>
```

（3）控制文件 WebViewActivity.java 的源代码如下：

```
public class WebViewActivity extends Activity
      implements OnClickListener
{
```

```
    WebView webView;
    Button openWebBtn;
    EditText edit;
    @Override
    public void onCreate(Bundle savedInstanceState)
    {
        super.onCreate(savedInstanceState);
        setContentView(R.layout.activity_webview);
        openWebBtn = (Button)findViewById(R.id.button1);
        edit =(EditText)findViewById(R.id.editText1);
        openWebBtn.setOnClickListener(this);
    }
    @Override
    public void onClick(View arg0)
    {
        String url = edit.getText().toString();
        webView = (WebView)findViewById(R.id.webView1);
        webView.getSettings().setJavaScriptEnabled(true);
        webView.getSettings().setAllowContentAccess(true);
        webView.getSettings().setAllowFileAccess(true);
        webView.setLayerType(View.LAYER_TYPE_SOFTWARE, null);
        webView.loadUrl(url);
    }
    @Override
    public boolean onKeyDown(int keycode,KeyEvent key)
    {
        if((keycode==KeyEvent.KEYCODE_BACK)  && webView.canGoBack())
        {
            webView.goBack();//返回 WebView 的上一个页面
            return true;
        }
        return false;
    }
}
```

（4）在配置文件中加入网络权限。网络程序需要在配置文件 AndroidManifest.xml 中加入允许访问网络的权限语句。

```
<uses-permission android:name="android.permission.INTERNET" />
```

添加权限后的 AndroidManifest.xml 如下：

```
<?xml version="1.0" encoding="utf-8"?>
 ......
  </application>
        <uses-permission android:name="android.permission.INTERNET" />
</manifest>
```

7.2 基于 HTTP 的网络编程

日常生活中，大多数人在遇到问题时，会使用手机搜索，这个访问过程就是通过 HTTP 完成的。HTTP 规定了浏览器和服务器之间互相通信的规则。

HTTP 是一种请求/响应式的协议，当客户端在与服务器端建立连接后，向服务器端发送的请求被称作 HTTP 请求。服务器端接收到请求后会做出响应，称为 HTTP 响应。下面讨论应用 HttpURLConnection 类和 StrictMode 类访问 Web 服务器。

7.2.1 HttpURLConnection 类

Android 对 HTTP 通信提供了很好的支持，通过标准的 Java 类 HttpURLConnection 便可实现基于 URL 的请求及响应功能。HttpURLConnection 继承自 URLConnection 类，用它可以发送和接收任何类型和长度的数据，也可以设置请求方式、超时时间。

URLConnection 类为应用程序提供 URL 的通信连接。该类可对 URL 引用的资源进行读写操作。HttpURLConnection 继承自 URLConnection，比 URLConnection 类多了以下方法。

（1）setRequestMethod()：设置 URL 请求的方法。

（2）setFollowRedirects()：设置此类是否应该自动执行 HTTP 重定向。

HttpURLConnection 类的使用步骤如下。

（1）通过在 URL 上调用 openConnection()方法创建 HttpURLConnection 对象。

（2）设置参数和一般请求属性。

（3）建立到远程对象的实际连接。

（4）远程对象变为可用，远程对象的头字段和内容变为可访问。

在建立到远程对象的连接后，使用以下方法访问头字段和内容。

（1）getResponseCode()：从 HTTP 响应消息中获取状态码。

（2）getResponseMessage()：获取来自服务器的 HTTP 响应消息。

总之，HttpURLConnection 是一种多用途、轻量级的 HTTP 客户端，大多数的应用程序可以使用它来进行 HTTP 操作。

7.2.2 StrictMode 类

在 Activity 中调用 HttpURLConnection 访问网络，可能会使 Activity 出现一些问题。

在 Android 2.3 以后，系统增加了 StrictMode 类，该类对网络的访问方式进行了一定的改变。

StrictMode 通常用于捕获主进程之间交互时产生的问题，因为在主进程中，UI 操作和一些动作的执行会产生一定的冲突。将磁盘访问和网络访问从主线程中剥离，可以使访问更加流畅。

在使用 HttpURLConnection 前，先调用 StrictMode 的两个方法。

（1）setThreadPolicy()：线程对象管理策略。

（2）setVmPolicy()：虚拟机对象管理策略。

编程时需要在主控程序中调用这两个方法。

（1）调用 StrictMode.setThreadPolicy()方法。

```
StrictMode.setThreadPolicy(
    new StrictMode
            .ThreadPolicy
            .Builder()              //构造 StrictMode 线程对象
            .detectDiskReads()      //当发生磁盘读操作时输出
            .detectDiskWrites()     //当发生磁盘写操作时输出
            .detectNetwork()        //访问网络时输出，包括磁盘读/写和网络 I/O
            .penaltyLog()           //以日志方式输出
            .build()
);
```

（2）调用 StrictMode.setVmPolicy()方法。

```
StrictMode.setVmPolicy(
    new StrictMode
            .VmPolicy
            .Builder()     //构造 StrictMode 虚拟机对象
            .detectLeakedSqlLiteObjects()          //探测 SQLite 数据库操作
            .detectLeakedClosableObjects()     //探测关闭操作
            .penaltyLog()
            .penaltyDeath()
            .build()
);
```

下面用一个案例来说明 HttpURLConnection 类和 StrictMode 类的使用。

例 7-2　演示视频

【例 7-2】从 Web 服务器读取图像文件。

（1）设计界面布局文件 activity_webimg.xml，设置 1 个按钮组件（button）、2 个用于显示信息的文本组件（txt1、txt2）和 1 个用于显示图像的组件（img），布局的组件、属性和效果如图 7-2 所示。

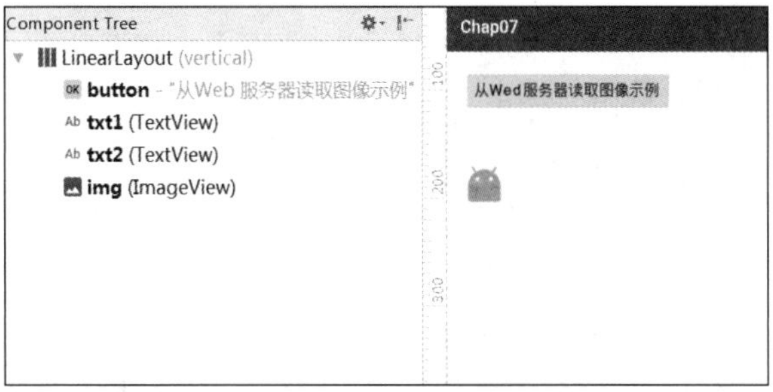

图 7-2　布局的组件、属性和效果

例 7-2　布局文件 activity_webimg.xml 源代码

（2）设计控制文件 WebImgActivity.java，添加按钮的事件监听。

控制文件 WebImgActivity.java 的源代码如下：

```
public class WebImgActivity extends AppCompatActivity {
    ImageView img;
    TextView txt1, txt2;
    Button connBtn;
    HttpURLConnection conn = null ;
    InputStream inStrem = null;
    String str = "https://www.z4a.net/images/2018/07/07/dogshort.jpg";
    HHandler mHandler = new HHandler();
    @Override
    protected void onCreate(Bundle savedInstanceState) {
        super.onCreate(savedInstanceState);
        setContentView(R.layout.activity_webimg);
        img = (ImageView)findViewById(R.id.img);
        txt1 = (TextView)findViewById(R.id.txt1);
        txt2 = (TextView)findViewById(R.id.txt2);
        connBtn = (Button)findViewById(R.id.button);
        connBtn.setOnClickListener(new mClick());
    }
    class mClick implements View.OnClickListener {
        public void onClick(View arg0) {
            StrictMode.setThreadPolicy(
                    new StrictMode
                            .ThreadPolicy
                            .Builder()
                            .detectDiskReads()
                            .detectDiskWrites()
                            .detectNetwork()
```

```
                    .penaltyLog()
                    .build()
            );
            StrictMode.setVmPolicy(
                new StrictMode
                    .VmPolicy
                    .Builder()
                    .detectLeakedSqlLiteObjects()
                    .detectLeakedClosableObjects()
                    .penaltyLog()
                    .penaltyDeath()
                    .build()
            );
            getPicture();
        }
    }
    private void getPicture(){
        try {
            URL url = new URL(str);
            conn = (HttpURLConnection) url.openConnection();
            conn.setConnectTimeout(5000);
            conn.setRequestMethod("GET");
            if ( conn.getResponseCode() == 200) {
                inStrem = conn.getInputStream();
                Bitmap bmp= BitmapFactory.decodeStream(inStrem);
                mHandler.obtainMessage(0, bmp).sendToTarget();
                int result = inStrem.read();
                while (result != -1){
                    txt1.setText((char)result);
                    result = inStrem.read();
                }
                inStrem.close();
                txt1.setText("（1）建立输入流成功！");
            }
        }catch(Exception e2)  { txt1.setText("（3）I/O 流建立失败");}
    }
    class HHandler extends Handler
```

```
    {
        public void handleMessage(Message msg){
            super. handleMessage( msg);
            txt2.setText("（2）下载图像成功!");
            img.setImageBitmap((Bitmap) msg.obj);
        }
    }
}
```

（3）检查配置文件，确保有网络权限。

```
<uses-permission android:name="android.permission.INTERNET"/>
```

程序运行效果如图 7-3 所示。

图 7-3　从 Web 服务器读取图像文件的运行效果

7.3 应用 Volley 框架访问 Web 服务器

Android 开发团队意识到有必要将 HTTP 的通信操作进行简化，于是在 2013 年推出一个新的网络通信框架 Volley。Volley 既可以非常简单地进行 HTTP 通信，也可以轻松加载网络上的图片。除了简单、易用之外，Volley 在性能方面进行了大幅度调整，它非常适合数据量不大但通信频繁的网络操作。

Volley 库可以方便地获取远程服务器上的图片、字符串、JSON 对象和 JSON 对象数组等。

7.3.1 Volley 包的安装与设置

Volley 包的安装有两种方法。

第一种方法很简单，直接修改项目的 app 目录下的 build.gradle(Module:app)文件，找到最后一段代码，在 dependencies{}中加入下面这行代码：

```
implementation 'com.android.volley:volley:1.2.1'
```

添加完这行代码，再单击右上角新出现的“Sync Now”。

第二种方法是下载与安装 Volley 包，需要以下 3 个步骤。

（1）从 Android 官网下载 JAR 文件：volley.jar。

（2）打开项目的文件夹，复制 volley.jar 并粘贴到 libs 文件夹，如图 7-4 所示。

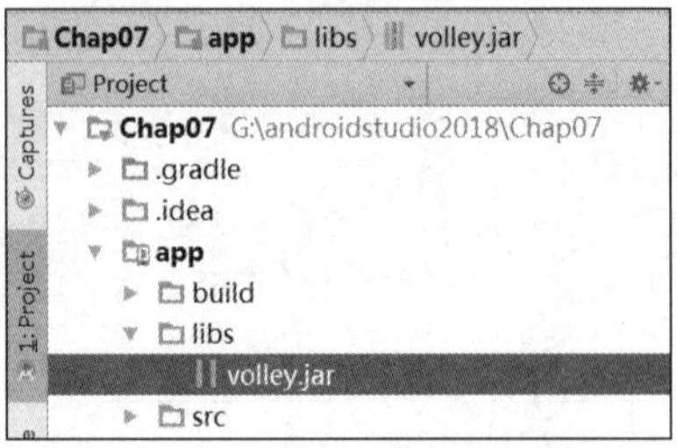

图 7-4　复制 volley.jar 并粘贴到 libs 文件夹

（3）使用鼠标右键单击“volley.jar”，在弹出的菜单中选择“Add As Library”命令，完成 JAR 包的安装。

7.3.2　Volley 的工作原理和重要对象

1. Volley 的工作原理

Volley 在工作时，首先由主线程发起一条 HTTP 请求，将请求添加到缓存队列中，然后，缓存调度线程从缓存队列中取出一个请求，在缓存中解析并做出响应，最后将解析后的响应发送给主线程。在 Volley 内部创建了两个线程，一个是缓存调度线程，另一个是网络调度线程。缓存调度线程优先在缓存中解析响应，如果无法解析，则由网络调度线程发送 HTTP 请求到远程 Web 服务器进行解析。

2. Volley 的重要对象

使用 Volley 框架需要创建两个重要对象。

（1）RequestQueue：用来执行请求的请求队列。

（2）Request：用来构造一个请求对象。

3. Request 对象的类型

（1）StringRequest：响应的主体为字符串。

（2）JsonArrayRequest：发送和接收 JSON 数组。

（3）JsonObjectRequest：发送和接收 JSON 对象。

（4）ImageRequest：发送和接收 Image 对象。

7.3.3　Volley 的基本使用方法

Volley 的用法非常简单，其步骤如下。

（1）初始化一个请求队列 RequestQueue：

```
RequestQueue mQueue = Volley.newRequestQueue(context);
```

（2）创建一个 StringRequest 请求对象，用于接收和处理网络数据：

```
StringRequest StringRequest = new StringRequest(
            //第 1 个参数，目标服务器的 URL
        httpurl,
            //第 2 个参数，服务器响应成功的回调函数
        new Response.Listener<String> ()
        {
            @Override
            public void onResponse(String response)
             //onResponse()获取到服务器响应的值
            {    Log.d("TAG", response); }
        },
            //第 3 个参数，服务器响应失败的回调函数
        new Response.ErrorListener ()
        {
            @Override
            public void onErrorResponse(VolleyError error)
            { Log.e("TAG",error.getMessage(),error);}
            });
        }
```

创建 StringRequest 对象，需要传入 3 个参数：

- 第 1 个参数是目标服务器的 URL；
- 第 2 个参数是服务器响应成功的回调函数；
- 第 3 个参数是服务器响应失败的回调函数。

在响应成功的回调函数里输出 Web 服务器返回的内容，在响应失败的回调函数里输出失败的详细信息。

（3）将请求对象添加到请求队列里：

```
mQueue.add(stringRequest);
```

（4）在 AndroidManifest.xml 文件中添加网络权限：

```
<uses-permission android:name="android.permission.INTERNET" />
```

【例 7-3】应用 Volley 框架从 Web 服务器读取 JSON 数据。

项目中要先准备一个服务器的 JSON 文件 jsonData.json，再建立一个布局文件 activity_ volley.xml 及一个控制文件 VolleyActivity.java，还要修改配置文件 AndroidManifest.xml。

例 7-3　演示视频

（1）可以自己搭建一个 Web 服务器。在 Web 服务器的根目录下创建

test 目录，并在 test 目录中建立 jsonData.json 文件。文件内容如下：

```
{
    "weatherinfo": {
        "city": "北京",
        "cityid": "101010100",
        "temp1": "18℃",
        "temp2": "31℃",
        "weather": "多云转阴",
        "img1": "n1.gif",
        "img2": "d2.gif",
        "ptime": "18:00"
    }
}
```

可以直接找一些开放的 JSON 接口做测试，如交通信息查询网站、城市天气预报网站的 JSON 接口。

（2）设计布局文件 activity_volley.xml，布局的组件、属性和效果如图 7-5 所示。

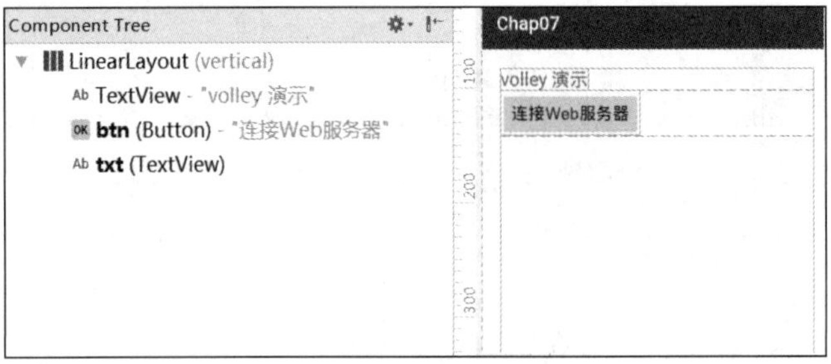

图 7-5　布局的组件、属性和效果

布局文件 activity_volley.xml 的源代码如下：

```
<?xml version="1.0" encoding="utf-8"?>
<LinearLayout xmlns:android="http://schemas.android.com/apk/res/android"
    android:layout_width="match_parent"
    android:layout_height="match_parent"
    android:layout_marginLeft="20dp"
    android:layout_marginRight="20dp"
    android:layout_marginTop="20dp"
    android:orientation="vertical">

    <TextView
        android:layout_width="wrap_content"
        android:layout_height="wrap_content"
```

```
        android:text="volley 演示"
        android:textSize="20sp" />
    <Button
        android:layout_width="wrap_content"
        android:layout_height="wrap_content"
        android:text="连接 Web 服务器"
        android:id="@+id/btn"
        android:textSize="18sp" />
    <TextView
        android:id="@+id/txt"
        android:layout_width="wrap_content"
        android:layout_height="wrap_content"
        android:textSize="20sp"
        android:text="@string/hello"
        />
</LinearLayout>
```

（3）设计主控制文件 VolleyActivity.java。

主控制文件 VolleyActivity.java 的源代码如下：

```
public class VolleyActivity extends AppCompatActivity
        implements View.OnClickListener
{
    Button Btn;
    TextView txt;
    @Override
    protected void onCreate(Bundle savedInstanceState) {
        super.onCreate(savedInstanceState);
        setContentView(R.layout.activity_volley);
        Btn=(Button)findViewById(R.id.btn);
        txt = (TextView)findViewById(R.id.txt);
        Btn.setOnClickListener(this);
    }

    String str;
    //String url="http://10.0.2.2/test/jsonData.json";//本机 10.0.2.2
    String url="http://www.weather.com.cn/data/cityinfo/101010100.html";
    @Override
    public void onClick(View v) {
```

```
    RequestQueue mQueue = Volley.newRequestQueue(this);
    StringRequest stringRequest = new StringRequest(
            url,
            new Response.Listener<String>() {  //Volley的监听器
                @Override
                public void onResponse(String response)
                {  txt.setText(response); }
            },
            new Response.ErrorListener() {
                @Override
                public void onErrorResponse(VolleyError error)
                {  Log.e("TAG", error.getMessage(), error); }
            })
            {  //将Volley默认的ISO-8859-1格式转换为UTF-8格式
        @Override
        protected Response<String> parseNetworkResponse(
                NetworkResponse response) {
            try {  //要和前面的数据类型一致
                String jsonString = new String(response.data, "UTF-8");
                return Response.success(jsonString,
                        HttpHeaderParser.parseCacheHeaders(response));
            } catch (UnsupportedEncodingException e) {
                return Response.error(new ParseError(e));
            } catch (Exception je) {
                return Response.error(new ParseError(je)) ;
            }
        }
    };
        mQueue.add(stringRequest);
    }  //onClick()_end
}
```

Volley 的默认编码格式为 ISO-8859-1，程序可以进行转码，将 ISO-8859-1 格式转换为 UTF-8 格式，从而确保能正确地显示汉字。

（4）检查配置文件，确保有网络权限。

```
<uses-permission android:name="android.permission.INTERNET" />
```

（5）运行程序，检查网址是否有效，再运行 Android 程序。

程序运行效果如图 7-6 所示。

图 7-6 应用 Volley 框架从 Web 服务器读取 JSON 数据的运行效果

7.4 应用 Volley 框架解析 JSON 数据

顺利读取到了网络数据，但是缺少内容解析，下面介绍如何应用 Volley 框架解析天气预报 JSON 数据。

例 7-3 只读取到了 JSON 数据，但没有解析数据内容：

```
{
    "weatherinfo": {
        "city": "北京",
        "cityid": "101010100",
        "temp1": "18℃",
        "temp2": "31℃",
        "weather": "多云转阴",
        "img1": "n1.gif",
        "img2": "d2.gif",
        "ptime": "18:00"
    }
}
```

可对其分析之后进一步取出有用的信息，例如：

```
[city=北京, cityid=101010100, temp1=18℃, temp2=31℃, weather=多云转阴]
```

读取远程服务器的 JSON 数据，可以用下列方法实现：

```
RequestQueue mQueue = Volley.newRequestQueue(this);
JsonObjectRequest request = new JsonObjectRequest(
          url,
          new Response.Listener<JSONObject>(){
             @Override
             public void onResponse(JSONObject response) {
                  //response 是服务器响应的值
             }
```

```
        },
        volleyError -> txt.setText("网页访问失败"));
mQueue.add(request);
```

例 7-4　演示视频

【例 7-4】应用 Volley 框架解析 JSON 数据。

本案例不用再创建布局文件，就用例 7-3 的 activity_volley.xml 文件。

控制文件 WeatherActivity.java 的源代码如下：

```
public class WeatherActivity extends AppCompatActivity
        implements View.OnClickListener {
    Button Btn;
    TextView txt;
    String url = "http://www.weather.com.cn/data/cityinfo/101010100.html";
    @Override
    protected void onCreate(Bundle savedInstanceState) {
        super.onCreate(savedInstanceState);
        setContentView(R.layout.activity_volley);
        Btn = (Button) findViewById(R.id.btn);
        txt = (TextView) findViewById(R.id.txt);
        Btn.setOnClickListener(this);
    }
    @Override
    public void onClick(View v) {
        Response.Listener alistener = new Response.Listener<JSONObject>(){
            @Override
            public void onResponse(JSONObject response) {
                try {
                    JSONObject mjson=response.getJSONObject("weatherinfo");
                    String city=new String(mjson.getString("city"));
                    String cityid=new String(mjson.getString("cityid"));
                    String temp1=new String(mjson.getString("temp1"));
                    String temp2=new String(mjson.getString("temp2"));
                    String weather=new String(mjson.getString("weather"));
                    String img1=new String(mjson.getString("img1"));
                    String img2=new String(mjson.getString("img2"));
                    String ptime=new String(mjson.getString("ptime"));
                    String s="city=" + city + "\ncityid=" + cityid + "\ntemp1="
                            + temp1 + "\ntemp2=" + temp2 + "\nweather=" + weather;
                    txt.setText(s);
```

```
                } catch (JSONException e) {
                    e.printStackTrace();
                }
            }
        };
        // 初始化请求队列
        RequestQueue mQueue  = Volley.newRequestQueue(this);
        // 提要求，接收 JSON 对象
        JsonObjectRequest request = new JsonObjectRequest(
                url,
                alistener,
                volleyError -> txt.setText("网页访问失败"));
        // 请求队列把要求带上
        mQueue.add(request);
    }
}
```

程序运行效果如图 7-7 所示。

图 7-7　解析后的 JSON 数据

7.5 实战演练——城市天气预报

第 7 章　实战演练

请设计一个城市天气预报应用程序，数据来源选门户网站中国天气网，应用程序的运行效果如图 7-8 所示。该网站需要使用城市编号才能获得天气数据，城市编号是一个 9 位数字，按照长度分为 4 部分：101（国家或地区）、01（省、自治区、直辖市等）、01（二级地区）、00（三级地区）。城市编号的 JSON 数据来源如下。

（1）省、自治区、直辖市等的编码参见 http://www.weather.com.cn/data/city3jdata/china.html，得到的数据需要进行解析，将 Volley 默认的 ISO-8859-1 编码格式转换为 UTF-8，结果如下：

```
{"10101":"北京","10102":"上海"..."10128":"广东"...}
```

（2）市的编码参见 http://www.weather.com.cn/data/city3jdata/provshi/10128.html，得到的数据需要解析为 UTF-8 编码格式，结果如下：

```
{"01":"广州","02":"韶关",..."06":"深圳"...}
```

要想获得深圳天气，在查询得到的 1012806 后面加上三级地区 01 即可：https://m.weather.com.cn/mweather/101280601.shtml。中国天气网返回的是一个包含多项气候数据的网页，可以使用 WebView 直接显示网页。

请在应用程序中建立一个数组，关联城市 ID 和城市名称，用户只需输入城市的中文名称即可得到该城市天气信息。

图 7-8　城市天气预报效果

思维导图

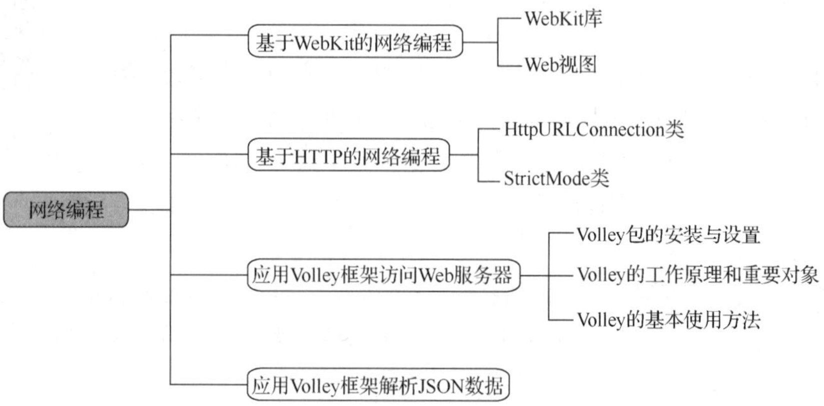

本章小结

- Android 内置浏览器 WebKit 是一个开源的浏览器引擎，具有非常好的网页解析机制。WebKit 模块由 Java 层和 WebKit 库两个部分组成，Java 层负责通信，WebKit 库负责网页解析。WebKit 库中的 WebView 类具有一般 View 的属性和设置，还可以对 URL 请求、页面加载、渲染、页面交互进行处理。
- HTTP 是一种请求/响应式的协议，当客户端在与服务器建立连接后，向服务器发送的请求被称作 HTTP 请求，服务器接收到请求后做出响应，称为 HTTP 响应。
- 为将 HTTP 的通信操作进行简化，Android 推出网络通信框架 Volley。Volley 在性能方面进行了大幅度调整，非常适合数据量不大但通信频繁的网络操作，可以方便地获取远程服务器上的图片、字符串、JSON 对象和 JSON 对象数组等。
- 应用 Volley 框架访问和解析网络 JSON 数据分为以下几个步骤。

① 初始化一个 RequestQueue 请求队列。

② 创建一个 StringRequest 或 JsonObjectRequest 请求对象。

③ 将这个请求对象添加到请求队列里。

④ 在 AndroidManifest.xml 文件中添加网络权限：<uses-permission android:name="android.permission.INTERNET" />。

第 8 章　实践项目——分享美食

第 8 章　本章知识

学习目标

- 体验一款 App 的制作过程
- 提高界面布局设计能力
- 提高界面编程能力
- 提高从网站获取数据的能力
- 提高 JSON 数据的解析能力

Android 系统的技术更新比较快，学习了前面章节的基础知识后，接下来应该做一些小项目来提高一下综合开发能力。对新技术应该持开放的态度，多学习和使用会对能力的提升大有好处。

本项目使用 Android Studio 4.2 完成开发和测试。

8.1 项目介绍

本项目设计的 App 主题为分享美食。美食爱好者往往都喜欢收集一些美食信息，包括菜谱等，我们使用收集的文字和图片作为素材，开发一款美食主题 App。

项目采用普遍流行的侧滑菜单（Menu）和卡片视图（CardView）。实现的功能有：界面之间的跳转、使用 Intent 传递数据、从网络获取 JSON 数据。项目代码太长，部分代码标上了行号以方便查阅，该行号仅作为参考。

8.1.1 主要技术

8.1.1 演示视频

项目使用了 CardView、导航视图（NavigationView，调用相应的 Menu）、循环视图（RecyclerView）、折叠效果（CollapsingToolbar）等技术。图 8-1～图 8-4 分别展示了它们的使用效果。

（1）CardView 适用于实现卡片式布局，实际上，CardView 应用 FrameLayout，只是额外提供了圆角和阴影效果，给人以立体感。CardView 一般用在 ListView 的 item 布局中。

（2）NavigationView 通常与侧滑布局（DrawerLayout）结合使用。为了实现良好的侧滑交互体验，侧滑菜单一般都在左侧实现。NavigationView 有两个属性，分别为 headerLayout

和 menu，其中 headerLayout 用于显示头部的布局，menu 用于建立菜单。

图 8-1　CardView

图 8-2　NavigationView

图 8-3　RecyclerView

图 8-4　CollapsingToolbar

（3）RecyclerView 是一个适用于批量数据展示的新组件，比经典的 ListView 更加强大和灵活。

（4）CollapsingToolbar 可实现折叠效果，可以使图片和文字滚动，可以设置颜色和背景，还可以设置 title 部分固定，不滚动。

8.1.2　运行界面

App 通过几个界面的切换，用文字和图片介绍一组美食内容。界面采用非常简单的设计，主页只实现了一个卡片功能“八大菜系”，其他 4 个卡片是空白的，等待读者去完善。凡是 NavigationView 没有完成的功能，都会跳转到“待建设……”界面。项目的主要界面如图 8-5～图 8-10 所示。

这 6 个界面的说明如下。

- 主页界面（CardView 主页，activity_main.xml）

主页界面可以设置八大菜系、珍藏菜谱、面食点心等多个 CardView 选项，点击后跳转到相应的界面。这里只制作了“八大菜系”选项，其他 4 个选项的制作方法相似。

- 侧滑界面（涉及 3 个 XML 文件，activity_main.xml、drawermenu.xml 和 drawer_header.xml）

点击图 8-5 所示主页界面的左上角，会出现一个侧滑界面，如图 8-6 所示，可以看到菜单选项：主页、收藏、下载、搜索、设置、退出。

- 收藏界面（fragment_collection.xml）

收藏功能暂时还没制作，给出“待建设……”提示，如图 8-7 所示。

- 菜系列表（美食，activity_list.xml）

菜系列表里有相应的八大菜系清单，如图 8-8 所示。

- 菜系内容（未上滑）

这是点击菜系列表里的选项后跳转到的界面，该界面有相应的菜系信息介绍，如图 8-9 所示。

- 菜系内容（已上滑）

内容界面 title 上滑到顶部时，会自动调整大小，如图 8-10 所示。

图 8-5　主页

图 8-6　侧滑界面

图 8-7　收藏界面

图 8-8　菜系列表

图 8-9　菜系内容（未上滑）

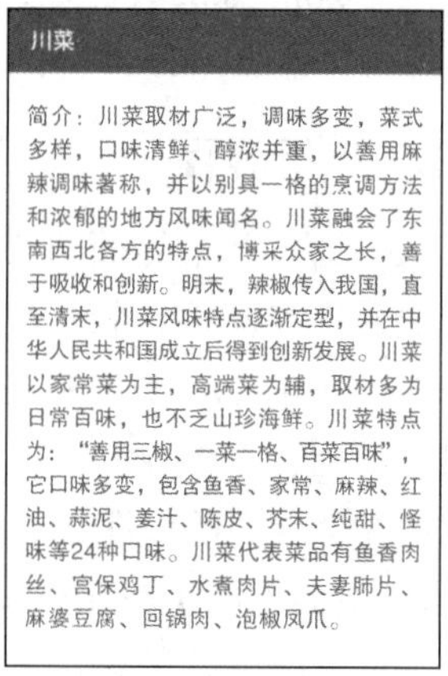

图 8-10　菜系内容（已上滑）

8.1.3　项目的图片资源

项目所需图标和图片如图 8-11 所示。

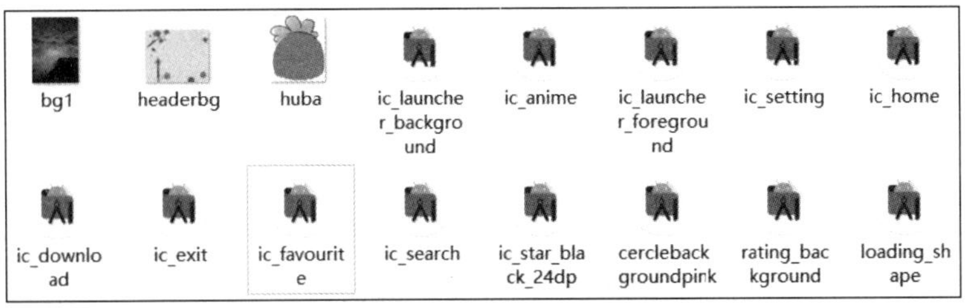

图 8-11　本地导入的图片资源

SVG（Scalable Vector Graphics，可缩放矢量图形）文件在网络上非常丰富，Android Studio 可将 SVG 格式的图标文件转换为 XML 文件。图 8-11 所示为导入 drawable 的图片素材，用到的矢量图标已经全部转换为项目可直接使用的 XML 文件。

8.1.3　演示视频

如果要导入扩展名为.svg 的图标文件，导入方法为使用鼠标右键单击 res 文件夹下的 drawable 文件夹，选择“new”→“Vector Asset”→“Local file”命令，再选择相应的路径将 SVG 文件导入。

图 8-12 所示为调用网上的图片文件，要查看详细的调用信息，可打开项目的 JSON 资源，查看其中的 img 属性。

图 8-12　调用网上的图片文件

8.1.4　项目的 JSON 资源

项目的 JSON 资源中只有一个 JSON 文件，由于项目基于互联网提供数据，所以实践时必须把该文件放到 Web 服务器上。学校如果有 Web 服务器，可以把文件复制到校内 Web 服务器上；如果没有，读者也可以自行去商业网站申请一个免费的 Web 空间。

下面给出了一个参考网址，包含了域名和文件名信息，程序测试时的网址需要读者根据实际情况做适当的修改，不能直接使用如下参考网址：

```
https://szpt-soft.coding.net/p/education/d/education/git/raw/master/food.json
```

如果没有现成的网站，读者也可以搭建一个个人电脑上的本地 Web 服务器。如果本地的 IP 地址为 http://127.0.0.1/food/food.json，那么 Android 应用程序访问的地址应为：

```
http://10.0.2.2/food/food.json
```

8.1.5　项目的文件清单

项目名称为 AzureCG。

项目共有 8 个 Java 文件，其中有 3 个 Activity 文件，3 个 Fragment 文件（配合侧滑菜

项目的 values 目录专门用于存放各类数据。

- strings.xml：定义字符串资源。
- colors.xml：定义颜色资源。
- themes.xml（在 themes 文件夹中）：定义主题样式。

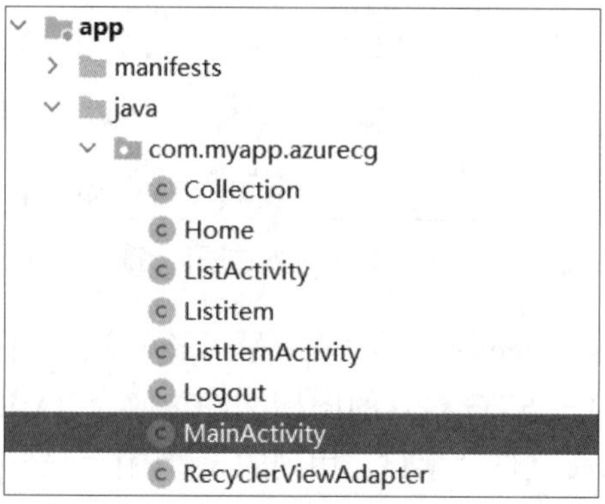

图 8-13 项目的 Java 文件

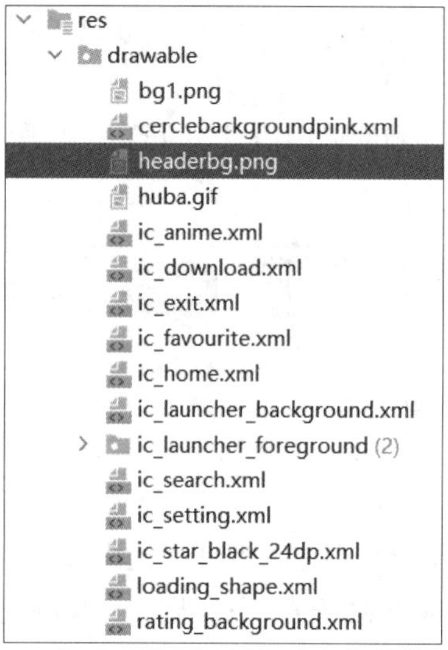

图 8-14 项目的 drawable 文件夹

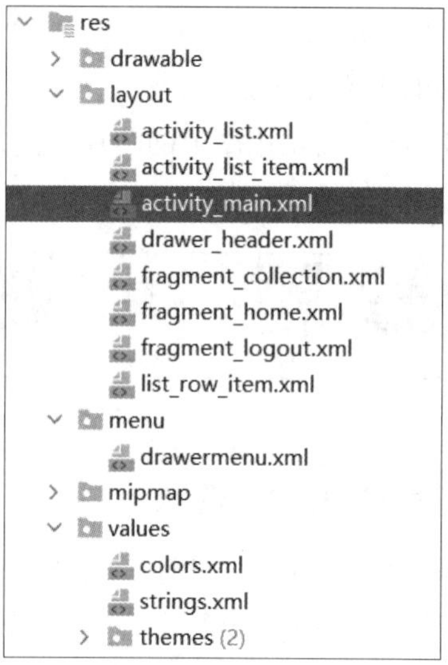

图 8-15 项目的 XML 文件

8.1.6 项目准备

项目名称是 AzureCG，完成后的项目共有 8 个布局文件和 8 个 Java 文件，其中 Activity 控制文件有 3 个（MainActivity、ListActivity、ListItemActivity），1 个 JavaBean 文件（ListItem）用于对 JSON 数据进行处理。

第 8 章 项目准备与制作

本书提供的初始项目 main 压缩包已经把图片素材、布局文件和 Java 文件放在里面，请读者先创建项目 AzureCG，包名是 com.myapp.azurecg，然后复制 main 文件夹即可开始后面的工作。

main 文件夹的简要说明如下。

（1）相应的图片素材资源已提供在 res/drawable 目录下。

（2）将 values 下的 strings.xml 文件进行如下修改，方便后面的 Activity 调用。

strings.xml 的源代码如下：

```
<resources>
    <string name="app_name">美食</string>
    <string name="open">Open</string>
    <string name="close">Close</string>
    <string name="hello_blank_fragment">待建设......</string>
</resources>
```

注意：main 文件夹里的 colors.xml 和 themes.xml 的内容，与自动创建的文件的内容相比有所添加。

（3）检查一下 build.gradle(Project:AzureCG)及 build.gradle(Module:app)文件是否存在，否则请主动编译 Build 工程。项目运行时应保持联网状态。

build.gradle(Project:AzureCG)的关键代码如下：

```
allprojects {
    repositories {
        google()
        mavenCentral()
        //jcenter() // 请注释掉这一行代码
    }
}
```

build.gradle(Module:app)需加入的 3 行关键代码如下：

```
dependencies {
    // 网络通信框架 Volley 的版本
    implementation 'com.android.volley:volley:1.2.1'
    // 图片加载框架 Glide 的版本
    implementation 'com.github.bumptech.glide:glide:4.6.1'
    // 循环视图加载框架 RecyclerView 的版本
implementation 'androidx.recyclerview:recyclerview:1.0.0'
```

添加结束后，需单击右上角新出现的“Sync Now”。

（4）在配置文件 AndroidManifest.xml 中添加联网许可授权。

```
<uses-permission android:name="android.permission.INTERNET" />
```

（5）为了混合支持库，需在 gradle.properties 中添加以下 2 行代码，第 1 行应该已经存在，但是第 2 行需手动添加。

```
android.useAndroidX=true
android.enableJetifier=true
```

8.2 项目制作

项目制作分为两条主线：侧滑菜单制作和主页卡片视图制作。

（1）先制作侧滑菜单需要的菜单文件 drawermenu.xml 和头部布局文件 drawer_header.xml，随后在主布局文件 activity_main.xml 中加入侧滑菜单和头部布局的调用。接下来实现侧滑菜单功能，需创建多个 Fragment 实现对应的菜单功能，最后在主程序 MainActivity 中加入侧滑菜单的输出和菜单功能选择。

（2）回到主页，在主布局文件 activity_main.xml 中加入卡片视图“八大菜系”。要显示八大菜系的列表信息，需要先制作列表的布局文件 activity_list.xml 和 list_row_item.xml，再制作内容布局文件 activity_list_item.xml。下一步是数据的处理，需要制作一个 JavaBean 文件和一个 Adapter 文件，然后编写两个 Activity 程序实现列表和内容的显示，最后在 MainActivity 中加入卡片视图的功能选择，并完成整个项目的调试。

制作细节见 8.2.1 小节至 8.2.7 小节。

8.2.1 完善主布局文件

主布局文件 activity_main.xml 包含卡片视图和菜单选项设计。

（1）设计主页的第一个 CardView，其 ID 为@+id/anime_card，效果如图 8-5 所示。

在 activity_main.xml 中查找注释“<!--美食卡片视图-->”，然后在 CardView 标签下嵌套一个线性布局，加入的布局代码如下：

```
<LinearLayout
    android:layout_width="match_parent"
    android:layout_height="match_parent"
    android:gravity="center"
    android:orientation="vertical">
    <ImageView
        android:layout_width="45dp"
        android:layout_height="45dp"
        android:background="@drawable/circlebackgroundpink"
        android:padding="7dp"
        android:src="@drawable/ic_anime"/>
    <TextView
        android:layout_width="wrap_content"
        android:layout_height="wrap_content"
        android:layout_marginTop="7dp"
        android:text="八大菜系"
        android:textSize="13dp"
        android:textStyle="bold" />
```

```
    <View
        android:layout_width="100dp"
        android:layout_height="1px"
        android:layout_marginTop="7dp"
        android:background="@color/lightgray" />
    <TextView
        android:layout_width="wrap_content"
        android:layout_height="wrap_content"
        android:gravity="center"
        android:padding="3dp"
        android:text="ANIME"
        android:textColor="@color/darkgray"
        android:textSize="12dp" />
</LinearLayout>
```

（2）创建菜单选项，设计 drawermenu.xml 文件。

请先在 res 文件夹下创建 menu 文件夹，使用鼠标右键单击 menu 文件夹，选择"New"→"Menu Resourse File"命令创建 XML 文件。

该文件类型为 menu，存储路径为 res/menu/drawermenu.xml，其效果如图 8-16 所示。

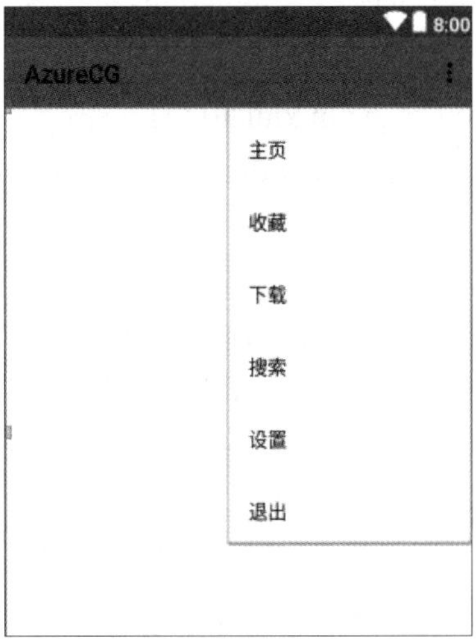

图 8-16　菜单选项效果

drawermenu.xml 的源代码如下：

```
<?xml version="1.0" encoding="utf-8"?>
<menu xmlns:android="http://schemas.android.com/apk/res/android">
    <item android:id="@+id/home"
        android:icon="@drawable/ic_home"
        android:title="主页" />
```

```
    <item
        android:id="@+id/collection"
        android:icon="@drawable/ic_favourite"
        android:title="收藏" />
    <item android:id="@+id/download"
        android:title="下载"
        android:icon="@drawable/ic_download"/>
    <item android:id="@+id/search"
        android:title="搜索"
        android:icon="@drawable/ic_search"/>
    <item android:id="@+id/setting"
        android:title="设置"
        android:icon="@drawable/ic_setting"/>
    <item android:id="@+id/logout"
        android:title="退出"
        android:icon="@drawable/ic_exit"/>
</menu>
```

第 8 章
NavigationView

（3）设计具有侧滑效果的 NavigationView。

需要注意的是，NavigationView 必须设计在<DrawerLayout>标签内部。

在 activity_main.xml 中查找注释“<!--加入 NavigationView-->”，然后在标签</androidx.drawerlayout.widget.DrawerLayout>前嵌入如下代码：

```
    <!--加入 NavigationView-->
    <com.google.android.material.navigation.NavigationView
        android:id="@+id/nv"
        android:layout_width="wrap_content"
        android:layout_height="match_parent"
        android:layout_gravity="start"
        android:background="@color/white"
        app:headerLayout="@layout/drawer_header"
        app:itemIconTint="@color/darkgray"
        app:itemTextColor="@color/darkgray"
        app:itemBackground="?android:attr/selectableItemBackground"
        app:menu="@menu/drawermenu" >
    </com.google.android.material.navigation.NavigationView>
</androidx.drawerlayout.widget.DrawerLayout>
```

上述代码中需要的 drawermenu.xml 在前一步已经设计完成。

上述代码中需要的头部设计 drawer_header.xml 的源代码如下：

```
<?xml version="1.0" encoding="utf-8"?>
<LinearLayout xmlns:android="http://schemas.android.com/apk/res/android"
    android:layout_width="match_parent"
    android:layout_height="220dp"
    android:background="@drawable/headerbg"
    android:orientation="vertical"
    android:paddingTop="60dp">
        <TextView
            android:layout_width="wrap_content"
            android:layout_height="wrap_content"
            android:layout_marginTop="5dp"
            android:paddingLeft="10dp"
            android:text="FINE FOOD"
            android:textColor="@color/colorPrimary"
            android:textSize="24sp"
            android:textStyle="bold" />
        <ImageView
            android:layout_width="wrap_content"
            android:layout_height="wrap_content"
            android:src="@drawable/huba" />
</LinearLayout>
```

drawer_header.xml 的设计效果如图 8-17 所示。

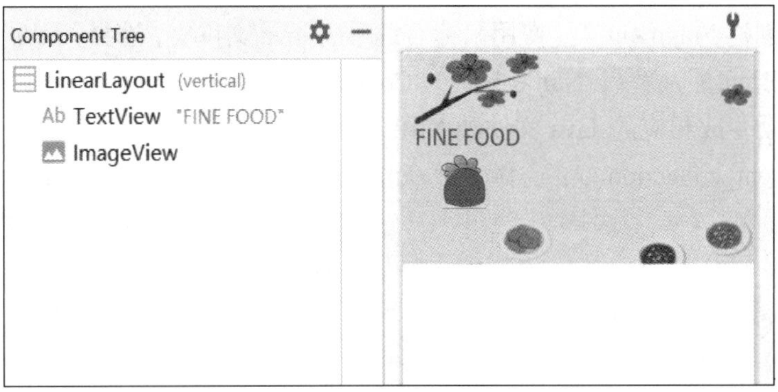

图 8-17　drawer_header.xml 的设计效果

主布局文件 activity_main.xml 的侧滑菜单融合了头部设计（drawer_header.xml）和菜单选项设计（drawermenu.xml），如图 8-18 所示。

图 8-18　activity_main.xml 的设计效果

8.2.2　侧滑菜单的跳转

点击侧滑菜单，会跳转到几个不同的 Fragment 界面。

碎片（Fragment）为适配大屏幕的 Android 设备而设立。可以把 Fragment 当成界面的组成部分，一个 Activity 的界面可以由多个不同的 Fragment 组成。Fragment 拥有自己的生命周期，可以接收、处理用户的事件，减少程序员在 Activity 里编写事件处理的工作。更为重要的是，可以动态地添加、替换和移除某个 Fragment。

项目暂时为 6 个侧滑菜单选项创建 3 个 Fragment 文件，用来测试点击菜单选项后的跳转，这 3 个文件分别是 fragment_collection.xml、fragment_home.xml 和 fragment_logout.xml。

1. 创建 Fragment 类

在项目中创建 Fragment 类。使用鼠标右键单击 java 文件夹，选择 “new” → “Fragment” → “Fragment(Blank)” 命令，Name 分别为 Collection、Home、Logout，名字的首字母要大写，系统会自动生成相应的 Java 文件和 XML 文件。

（1）fragment_collection.xml 需做轻微修改，加背景图并修改文字，源代码如下：

```
<FrameLayout xmlns:android="http://schemas.android.com/apk/res/android"
    xmlns:tools="http://schemas.android.com/tools"
    android:layout_width="match_parent"
    android:layout_height="match_parent"
    tools:context="com.myapp.azurecg.Collection"
    android:background="@drawable/bg1">
    <!-- TODO: Update blank fragment layout -->
    <TextView
```

```
        android:layout_width="match_parent"
        android:layout_height="match_parent"
        android:gravity="center"
        android:text="待建设……"
        android:textSize="30sp"
        android:textStyle="bold" />
</FrameLayout>
```

该布局文件的运行效果如图 8-7 所示。

（2）fragment_home.xml 和 fragment_logout.xml 不用做任何修改。

2. 系统为 Fragment 文件自动生成 Java 文件

创建 Fragment 文件时，系统自动生成 Java 文件（名称分别为 Home、Collection、Logout），自动生成的代码无须做任何修改。

8.2.3　设计列表的布局文件

在主页点击卡片“八大菜系”，跳转到菜系列表，列表需要的布局文件有 2 个：activity_list.xml 和 list_row_item.xml。

菜系列表里有八大菜系清单，点击列表选项后，可以跳转到相应的菜系内容界面。

设计列表布局，需要先设计行布局文件 list_row_item.xml。

（1）列表的行布局文件 list_row_item.xml 的源代码如下：

```
<?xml version="1.0" encoding="utf-8"?>
<LinearLayout xmlns:android="http://schemas.android.com/apk/res/android"
    android:id="@+id/container"
    android:layout_width="match_parent"
    android:layout_height="150dp"
    android:layout_marginTop="5dp"
    android:background="#fff"
    android:orientation="horizontal"
    android:padding="8dp">
    <ImageView
        android:id="@+id/thumbnail"
        android:layout_width="100dp"
        android:layout_height="match_parent"
        android:background="@drawable/loading_shape" />
    <LinearLayout
        android:layout_width="match_parent"
        android:layout_height="130dp"
```

```
        android:layout_margin="8dp"
        android:orientation="vertical">
        <TextView
            android:id="@+id/item_name"
            android:layout_width="wrap_content"
            android:layout_height="wrap_content"
            android:text="Item Title"
            android:textSize="20sp"
            android:textStyle="bold" />
        <TextView
            android:id="@+id/categoire"
            android:layout_width="wrap_content"
            android:layout_height="wrap_content"
            android:layout_marginTop="5dp"
            android:text="Category" />
        <TextView
            android:id="@+id/rating"
            android:layout_width="wrap_content"
            android:layout_height="wrap_content"
            android:layout_marginTop="10dp"
            android:background="@drawable/rating_background"
            android:drawableLeft="@drawable/ic_star_black_24dp"
            android:paddingRight="5dp"
            android:text="0.0"
            android:textColor="#fff"
            android:textSize="15sp"
            android:textStyle="bold" />
        <TextView
            android:id="@+id/studio"
            android:layout_width="wrap_content"
            android:layout_height="wrap_content"
            android:layout_marginTop="5dp"
            android:text="studio" />
    </LinearLayout>
</LinearLayout>
```

设计效果如图 8-19 所示。

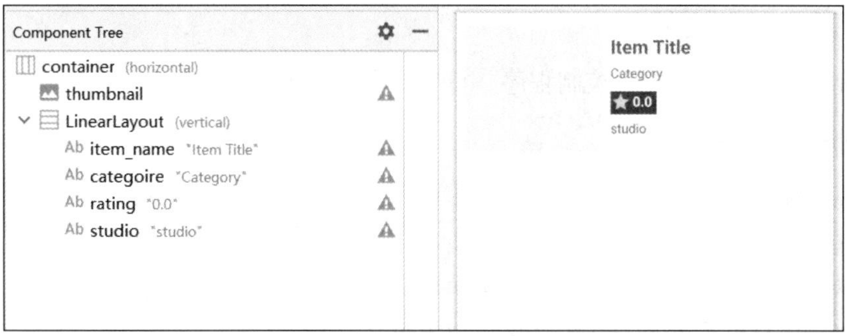

图 8-19 行布局文件的设计效果

（2）列表容器文件 activity_list.xml 的源代码如下：

```
<?xml version="1.0" encoding="utf-8"?>
<LinearLayout xmlns:android="http://schemas.android.com/apk/res/android"
   xmlns:app="http://schemas.android.com/apk/res-auto"
   xmlns:tools="http://schemas.android.com/tools"
   android:layout_width="match_parent"
   android:layout_height="match_parent">

    <androidx.recyclerview.widget.RecyclerView
      android:layout_width="match_parent"
      android:layout_height="match_parent"
      android:layout_marginTop="16dp"
      android:layout_marginLeft="16dp"
      android:layout_marginRight="16dp"
      android:id="@+id/recyclerviewid">
   </androidx.recyclerview.widget.RecyclerView>

</LinearLayout>
```

设计效果如图 8-20 所示。

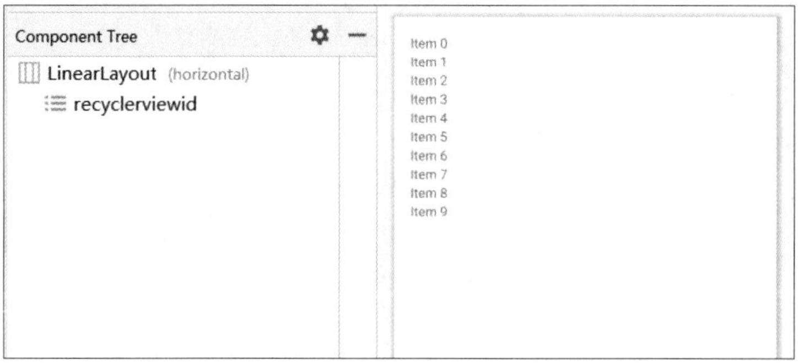

图 8-20 列表容器文件的设计效果

8.2.4 完善主控制文件

设计完布局后，下面完善控制程序，首先对主程序 MainActivity 文件进行补充。

1. 侧滑菜单功能

用户点击侧滑菜单按钮时，具有侧滑菜单的导航视图出现，程序需要将原本的主页（其 id 为 layout_home）设置为隐藏，具体见下面步骤（1）和步骤（2），然后按照步骤（3）将帧布局（其 id 为 flcontent）设为某个 Fragment 文件。

当用户再次点击主页时，程序恢复显示主页。

（1）在主程序的 onCreate()方法中初始化布局对象和视图对象：

```
//侧滑菜单
   layoutHome = (LinearLayout)findViewById(R.id.layout_home);
   nv = (NavigationView)findViewById(R.id.nv);
   setTitle("主页");
   setupDrawerContent(nv);
```

（2）在 setupDrawerContent()方法中启用导航视图，主页设置为隐藏，侧滑菜单打开，代码如下：

```
private void setupDrawerContent(NavigationView navigationView) {
        navigationView.setNavigationItemSelectedListener(
                new NavigationView. OnNavigationItemSelectedListener() {
            @Override
            public boolean onNavigationItemSelected(@NonNull MenuItem item) {
                layoutHome.setVisibility(View.INVISIBLE); //主页设置为隐藏
                selectItemDrawer(item);    //侧滑菜单功能选择
                return true;
            }
        });
}
```

（3）在 selectItemDrawer()方法中进行侧滑菜单功能选择，代码如下：

```
public void selectItemDrawer(MenuItem menuItem) {
    switch (menuItem.getItemId()) {
        case R.id.home: //主页
            layoutHome.setVisibility(View.VISIBLE);//点击主页时将主页的可见属
                                                    性设置为显示
            fragmentClass = Home.class;
            break;
        case R.id.collection://收藏
```

```
            fragmentClass = Collection.class;
            break;
        case R.id.logout://退出
            System.exit(0); ////正常退出 App
            fragmentClass = Logout.class;
            break;
        default://其他 3 个菜单功能，均待建设
            fragmentClass = Home.class;
    }
    try {
        myFragment = (Fragment) fragmentClass.newInstance();
    }
    catch (Exception e) {
        e.printStackTrace();
    }
    fragmentManager
            .beginTransaction()
            .replace(R.id.flcontent,myFragment) //侧滑菜单对应的 Fragment 文件
            .commit();
    menuItem.setChecked(true);
    setTitle(menuItem.getTitle());
    mDrawerLayout.closeDrawers();
}
```

说明：在主布局中 R.id.flcontent 并没有设计任何内容。

主布局的相关代码如下：

```
<FrameLayout
    android:id="@+id/flcontent"
    android:layout_width="match_parent"
    android:layout_height="match_parent"
    >
</FrameLayout>
```

MainActivity 通过 myFragment 代入侧滑菜单所需要的 Fragment 文件，例如代入 Collection.class。

2. 主页卡片视图的跳转

下面程序的重点是调用 Intent，将打包好的数据传递给 ListActivity。

（1）在 onCreate()方法中初始化对象的值。

```
//卡片视图
animeCard = (CardView) findViewById(R.id.anime_card);
animeCard.setOnClickListener(this);
```

（2）在 onClick()方法中补充卡片视图的点击事件，代码如下：

```
@Override
public void onClick(View v) {
    Intent i;
    i = new Intent(this,ListActivity.class);
    switch (v.getId()) {
        case R.id.anime_card:
            i.putExtra("Itemtitle","八大菜系");
            break;
        default:break;
    }
    startActivity(i);
}
```

8.2.5 RecyclerViewAdapter

RecyclerView 可以替代 ListView 和 GridView 显示列表数据和网格数据，这需要使用循环视图适配器（RecyclerViewAdapter），它的调用会被放到 ListActivity 程序中。

创建一个 RecyclerViewAdapter 类，用于将打包好的数据进行统一处理。对每一个输入数组项都进行相应的处理，给每个对应的项都设置相应的监听事件，并将数据用 Intent 打包后传送给特定的 Activity。

在 RecyclerViewAdapter.java 中写入以下代码：

```
public class RecyclerViewAdapter
        extends RecyclerView.Adapter<RecyclerViewAdapter.MyViewHolder>
{
    private Context mContext ;
    private List<ListItem> mData ;
    RequestOptions option;

    public RecyclerViewAdapter(Context mContext, List<ListItem> mData) {
        this.mContext = mContext;
        this.mData = mData;
        //获取图片的默认设置
```

```
        option = new RequestOptions()
                .centerCrop()
                .placeholder(R.drawable.loading_shape)
                .error(R.drawable.loading_shape);
    }
    @Override
    public MyViewHolder onCreateViewHolder(ViewGroup parent, int viewType) {
        View view;
        LayoutInflater inflater = LayoutInflater.from(mContext);
        //view 设为提前制作好的布局格式
        view = inflater.inflate(R.layout.list_row_item,parent,false);
        final MyViewHolder viewHolder = new MyViewHolder(view);

        //点击选项，用 getAdapterPosition()获取相应的值，并将其赋予 Intent
        viewHolder.view_container.setOnClickListener(new View.OnClickListener() {
            @Override
            public void onClick(View v) {
                Intent i = new Intent(mContext, ListItemActivity.class);
                i.putExtra("listitem_name",
            mData.get(viewHolder. getAdapterPosition()).getName());
                i.putExtra("listitem_description",
            mData.get(viewHolder.getAdapterPosition()).getDescription());
                i.putExtra("listitem_studio",
            mData.get(viewHolder.getAdapterPosition()).getStudio());
                i.putExtra("listitem_category",
            mData.get(viewHolder.getAdapterPosition()).getCategoire());
                i.putExtra("listitem_nb_episode",
            mData.get(viewHolder.getAdapterPosition()).getNb_episode());
                i.putExtra("listitem_rating",
            mData.get(viewHolder.getAdapterPosition()).getRating());
                i.putExtra("listitem_img",
            mData.get(viewHolder.getAdapterPosition()).getImg_url());
                mContext.startActivity(i);
            }
        });
        return viewHolder;
```

```
    }
    @Override
    public void onBindViewHolder(MyViewHolder holder, int position) {
        holder.tv_name.setText(mData.get(position).getName());
        holder.tv_rating.setText(mData.get(position).getRating());
        holder.tv_studio.setText(mData.get(position).getStudio());
        holder.tv_category.setText(mData.get(position).getCategoire());
        //图片处理比较特殊，要采用 glide()方法定义图片大小等属性
        Glide.with(mContext)
                .load(mData.get(position)
                .getImg_url())
                .apply (option)
                .into(holder.img_thumbnail);
    }
    @Override
    public int getItemCount() {
        //返回 ListItem 的大小
        return mData.size();
    }
    public static class MyViewHolder extends RecyclerView.ViewHolder {
        //获取每个数据项对应的 ID
        TextView tv_name;
        TextView tv_rating;
        TextView tv_studio;
        TextView tv_category;
        ImageView img_thumbnail;
        LinearLayout view_container;
        public MyViewHolder(View itemView) {
            super(itemView);
            view_container = itemView.findViewById(R.id.container);
            tv_name = itemView.findViewById(R.id.item_name);
            tv_rating = itemView.findViewById(R.id.rating);
            tv_studio = itemView.findViewById(R.id.studio);
            tv_category = itemView.findViewById(R.id.categoire);
            img_thumbnail = itemView.findViewById(R.id.thumbnail);
```

```
97.         }
98.     }
99. }
```

第 32 行的 onCreateViewHolder()负责为 Item 创建视图，第 64 行的 onBindViewHolder()负责将数据绑定到 Item 的视图上。

8.2.6 设计列表的控制文件

下面对菜系列表的控制文件 ListActivity.Java 进行代码补充。该控制文件调用的布局 activity_list_item 设计效果如图 8-20 所示，加入数据后的运行效果如图 8-8 所示。

1. 接收 JSON 数据

根据 MainActivity 传过来的数据进行相应的操作，例如在 MainActivity 中给 Intent 对象赋值 putExtra("Itemtitle","八大菜系")，那么这里的任务就是将“八大菜系”卡片对应的网址取出来，因为要显示的八大菜系信息来自网络上的 JSON 文件。

（1）在 onCreate(Bundle savedInstanceState)方法中写入如下代码：

```
String title = getIntent().getExtras().getString("Itemtitle");
setActivity(title);
```

（2）在 setActivity(String title)方法中写入如下代码：

```
if (title.equals("八大菜系")){
    setTitle(title);
    JSON_URL =
    "https://szpt-soft.coding.net/p/education/d/education/git/raw/master/
                        food.json";//或者 http://10.0.2.2/food/food.json
}
```

2. JSON 数据解析

对从网络获取的 JSON 数据进行处理，将 JSON 数据添加到数组，并将数据显示到 ListActivity，这中间需要调用 ListItem 处理数据。

（1）在 onCreate(Bundle savedInstanceState)方法中写入如下代码：

```
listItem = new ArrayList<>();//创建一个 listItem 数组
recyclerView = findViewById(R.id.recyclerviewid);
jsonrequest();
```

（2）在 jsonrequest()方法中对 JSON 数据进行数组化处理。

```
private void jsonrequest() {
        request = new JsonArrayRequest(JSON_URL, new Response.Listener
        <JSONArray>() {
            @Override
```

```
            public void onResponse(JSONArray response) {
                JSONObject jsonObject = null;
                for (int i = 0 ; i < response.length(); i++) {
                    Log.i("response","来了"+Integer.toString(i));
                    try {
                        jsonObject = response.getJSONObject(i);//从网络获取 JSON 数据
                        Listitem listitem = new Listitem();
                        listitem.setName(jsonObject.getString("name"));
                        listitem.setDescription(
                                jsonObject.getString("description"));
                            listitem.setRating(jsonObject.getString("Rating"));
                        listitem.setNb_episode(jsonObject.getInt("episode"));
                        listitem.setCategoire(jsonObject.getString("categorie"));
                        listitem.setStudio(jsonObject.getString("studio"));
                        listitem.setImg_url(jsonObject.getString("img"));
                        listItem.add(listitem);//将单个菜系信息添加进列表
                        Log.i("response",jsonObject.getString("name"));
                    } catch (JSONException e) {
                        e.printStackTrace();
                    }
                }
                setuprecyclerview(listItem);//将列表数据传给循环视图
            }
        }, new Response.ErrorListener() {
            @Override
            public void onErrorResponse(VolleyError error) {
            }
        });
        requestQueue = Volley.newRequestQueue(ListActivity.this);
        requestQueue.add(request);   //实现 row_item 的添加
    }
```

（3）在 setuprecyclerview()方法中创建一个适配器对象，传入数据，通过 recyclerView 的 setAdapter()方法将数据输出到界面。代码如下：

```
    private void setuprecyclerview(List<Listitem> listItem) {
            RecyclerViewAdapter myadepter = new RecyclerViewAdapter(this,
                                                            listItem);
```

```
        recyclerView.setLayoutManager(new LinearLayoutManager(this));
        recyclerView.setAdapter(myadepter);
    }
```

8.2.7　设计内容的控制文件

下面对菜系内容的控制文件 ListItemActivity.java 进行补充。

查看布局 activity_list_item.xml，该布局的层级关系和属性如图 8-21 所示，加入数据后的执行效果如图 8-9 和图 8-10 所示。

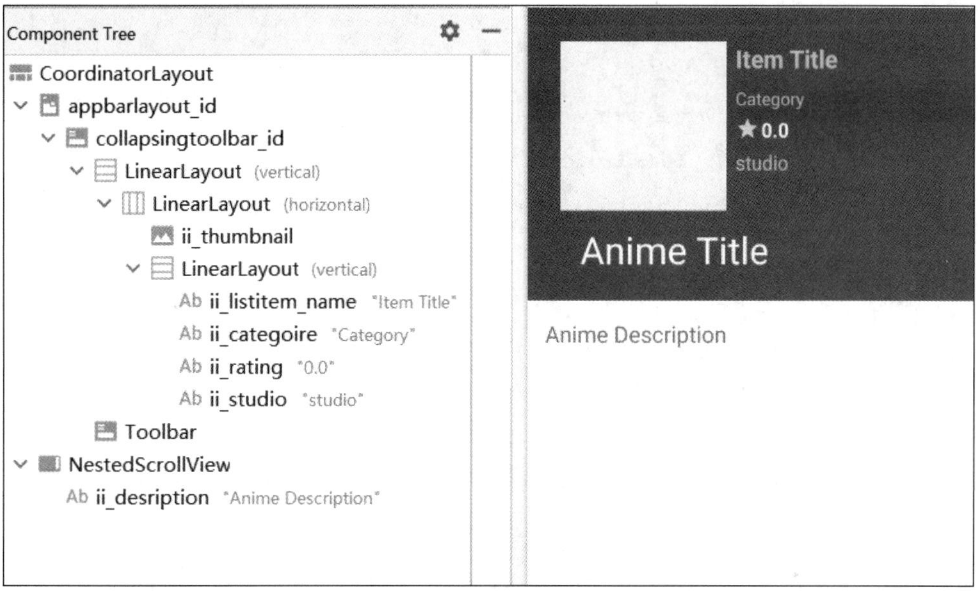

图 8-21　菜系内容布局的层级关系和属性

在 ListItemActivity.java 的 onCreate()方法中，获取 Intent 传过来的数据，并将其显示到页面。源代码如下：

```
@Override
protected void onCreate(Bundle savedInstanceState) {
    super.onCreate(savedInstanceState);
    setContentView(R.layout.activity_list_item);
    getSupportActionBar().hide();//将标题隐藏
    //获取传过来的数据
    String name = getIntent().getExtras()
            .getString("listitem_name");
    String description = getIntent().getExtras()
            .getString("listitem_description");
    String studio = getIntent().getExtras()
```

```
        .getString("listitem_studio");
String category = getIntent().getExtras()
        .getString("listitem_category");
int nb_eplisode = getIntent().getExtras()
        .getInt("listitem_nb_eplisode");
String rating = getIntent().getExtras()
        .getString("listitem_rating");
String img_url = getIntent().getExtras()
        .getString("listitem_img");

CollapsingToolbarLayout collapsingToolbarLayout =
        findViewById(R.id.collapsingtoolbar_id);
collapsingToolbarLayout.setTitleEnabled(true);

TextView tv_name = findViewById(R.id.ii_listitem_name);
TextView tv_studio = findViewById(R.id.ii_studio);
TextView tv_categoire = findViewById(R.id.ii_categoire);
TextView tv_desription = findViewById(R.id.ii_desription);
TextView tv_rating = findViewById(R.id.ii_rating);
ImageView img = findViewById(R.id.ii_thumbnail);

tv_name.setText(name);
tv_categoire.setText(category);
tv_desription.setText(description);
tv_rating.setText(rating);
tv_studio.setText(studio);

collapsingToolbarLayout.setTitle(name);

//图片处理用 Glide 实现
RequestOptions requestOptions = new RequestOptions()
        .centerCrop()
        .placeholder(R.drawable.loading_shape)
        .error(R.drawable.loading_shape);
Glide.with(this)
```

```
            .load(img_url)
            .apply(requestOptions).into(img);
}
```

8.2.8 完善配置文件

配置文件 AndroidManifest.xml 的完整代码如下：

```
<?xml version="1.0" encoding="utf-8"?>
<manifest xmlns:android="http://schemas.android.com/apk/res/android"
    package="com.myapp.azurecg.azurecg">

    <uses-permission android:name="android.permission.INTERNET" />
    <application
        android:allowBackup="true"
        android:icon="@mipmap/ic_launcher"
        android:label="@string/app_name"
        android:roundIcon="@mipmap/ic_launcher_round"
        android:supportsRtl="true"
        android:theme="@style/AppTheme">
        <activity android:name=".activities.MainActivity">
            <intent-filter>
                <action android:name="android.intent.action.MAIN" />
                <category android:name="android.intent.category.LAUNCHER" />
            </intent-filter>
        </activity>
        <activity android:name=".activities.ListActivity" />
        <activity android:name=".activities.ListItemActivity"></activity>
    </application>
</manifest>
```

8.3 项目拓展

1. 根据图 8-1，主页再添加 4 个卡片。
2. 实现侧滑菜单的一些功能，如设置、收藏等。
3. 添加图片分享和下载功能。

思维导图

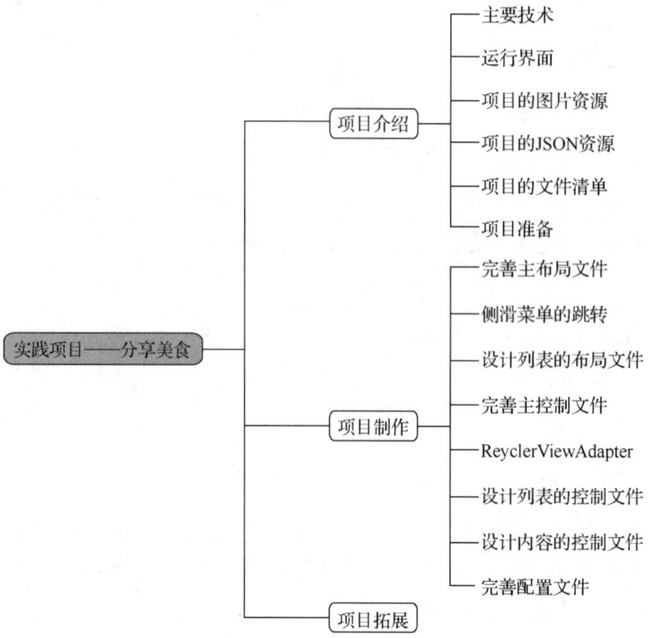

本章小结

- 本章设计了一款以美食为主题的 App，主要分为项目介绍和项目制作两个部分。
- 项目主要使用的技术为以下 4 个。

① 卡片视图（CardView），适用于卡片式布局。

② 导航视图（NavigationView），通常与侧滑布局（DrawerLayout）结合，实现良好的侧滑交互体验，侧滑布局一般都在左侧实现。NavigationView 有两个属性：菜单（menu）和头部布局（headerLayout）。

③ 循环视图（RecyclerView），适用于批量数据展示。

④ 折叠视图（CollapsingToolbar），能实现折叠效果，可使图片和文字滚动，可设置颜色和背景，还可以设置 title 部分固定不滚动。

- 项目制作分为两条主线：侧滑菜单制作和主页卡片视图制作。

① 制作需要侧滑菜单 menu 和头部布局 headerLayout。先在主布局加入侧滑菜单和头部布局的调用。然后实现侧滑菜单功能，创建多个 Fragment 和菜单功能对应，最后在主程序 MainActivity 中加入侧滑菜单的功能。

② 回到主页，在主布局中加入卡片视图，制作菜系列表的布局文件、菜系内容的布局文件，然后使用两个 Activity 程序实现列表和内容的显示，最后在主程序中加入卡片视图的功能选择，并完成整个项目的调试。

附录 Android Studio 的安装与配置

Android Studio 是专门为 Android 量身定制、大力支持的一款基于 IntelliJ IDEA 的 IDE（Integrated Development Environment，集成开发环境），可以说它是 Android 开发工具的“未来”。这里简要介绍一下其安装和配置的过程。

1. 环境要求

搭建 Android 开发环境需要下面两个软件。

（1）Java SE Development Kit（JDK 1.8 以上）。

（2）Android Studio（含 SDK 的）。

安装前先检查计算机的硬件和操作系统是否符合以下条件。

（1）Windows 10/7/Vista（32 位或 64 位）。

（2）内存至少 2 GB，推荐内存为 4 GB。

（3）至少有 1 GB 空间留给 Android SDK、模拟器系统映像、缓存。

（4）至少 1280px × 800px 像素的屏幕分辨率。

（5）支持可加速模拟器：Intel® processor with support for Intel® VT-x、Intel® EM64T (Intel® 64)、Execute Disable (XD) Bit functionality。

2. JDK 的安装和环境变量的设置

JDK 是 Java 的核心，安装后还需要配置环境变量。

（1）下载及安装 JDK。

在 Oracle（甲骨文）官网下载 JDK，完稿时 JDK 已经更新到 17.0，下载页中有“Java SE subscribers have more choices”，表示提供更多版本，读者可以根据自己的需求下载。有不少早期开发的系统采用 JDK 8，读者可参考附图 1。

通常 32 位的系统只支持 32 位的 JDK，64 位的系统可以兼容 32 位和 64 位的 JDK。
提醒：

- Android Studio 要求 JDK 的版本为 JDK 1.8 及以上；
- 先确认自己计算机的操作系统是 32 位的还是 64 位的，一定要下载对应的 JDK，否则安装好 Android Studio 后，系统与 JDK 不匹配，打开 Android Studio 时会报错。

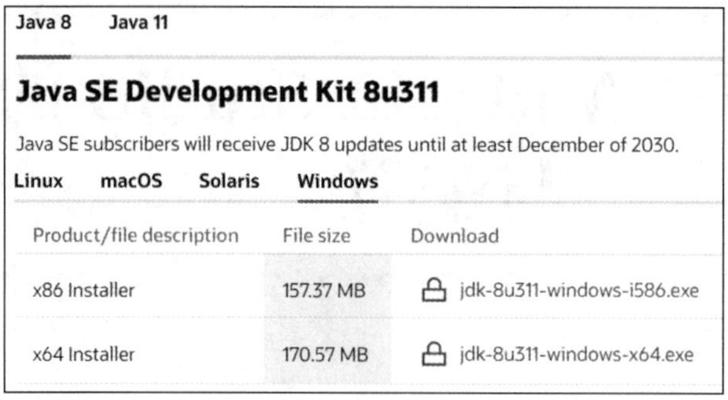

附图 1　JDK 下载页面选项

以 Windows 为例，用鼠标右键单击“计算机”，选择“属性”命令，看到附图 2 所示的计算机系统属性。

附图 2　计算机系统属性

下载 JDK 后按照默认方法安装，单击“下一步”按钮，一直到安装完毕，单击“关闭”按钮完成安装。

（2）环境变量配置。

环境变量可使用传统的名称 JAVA_HOME，免得安装 Android Studio 时因为找不到 JDK 而报错。

完整配置过程如下：用鼠标右键单击“计算机”，选择“属性”命令，然后弹出一个对话框；单击其左侧的“高级系统设置”选项，又弹出一个对话框；单击其右下角的“环境变量”，然后弹出一个对话框，上方的标识是“用户变量”，下方的标识是“系统变量”，单击“系统变量”的“新建”选项。

首先创建 JAVA_HOME，变量值是 JDK 的安装目录，比如：

```
C:\Program Files\Java\JDK1.8.0_131
```

然后创建 CLASSPATH，变量值是：

```
.;%JAVA_HOME%\lib;%JAVA_HOME%\lib\tools.jar//注意最前面有一个点
```

最后编辑 Path，把如下值放到最前边：

```
%JAVA_HOME%\bin;%JAVA_HOME%\jre\bin;
```

每次添加的项目后边都要有分号（;），必须检查字母和分号是否添加正确。

（3）校验安装及配置情况。

在命令提示符窗口中执行以下两条命令进行校验。

```
>java -version
>javac
```

若结果如附图 3 所示，说明配置成功，若没有出现这样的结果，可检查前面的步骤。

```
C:\Users\admin>java -version
java version "1.8.0_131"
Java(TM) SE Runtime Environment (build 1.8.0_131-b11)
Java HotSpot(TM) 64-Bit Server VM (build 25.131-b11, mixed mode)

C:\Users\admin>javac
用法: javac <options> <source files>
其中, 可能的选项包括:
```

附图 3 命令提示符窗口

3. Android Studio 的安装及启动

（1）安装 Android Studio。

读者可以在 Android Studio 官网下载 Android Studio 安装包,解压后一般进行默认安装，建议下载含 SDK（Software Development Kit，软件开发工具包）的安装包。

Android Studio 各个版本的安装方式差别不大，下面以 4.2 版本为例说明安装过程。安装成功后，系统会自动检查当前版本并询问是否升级到最新版本。

在弹出的安装选项中，第一项是 Android Studio 主程序，必选；第二项是 Android SDK，也勾选；第三项和第四项是虚拟机和虚拟机的加速程序，如果要在计算机上使用虚拟机调试程序，就勾选。完成后单击“Next”按钮。推荐按照默认项安装，如附图 4 所示。

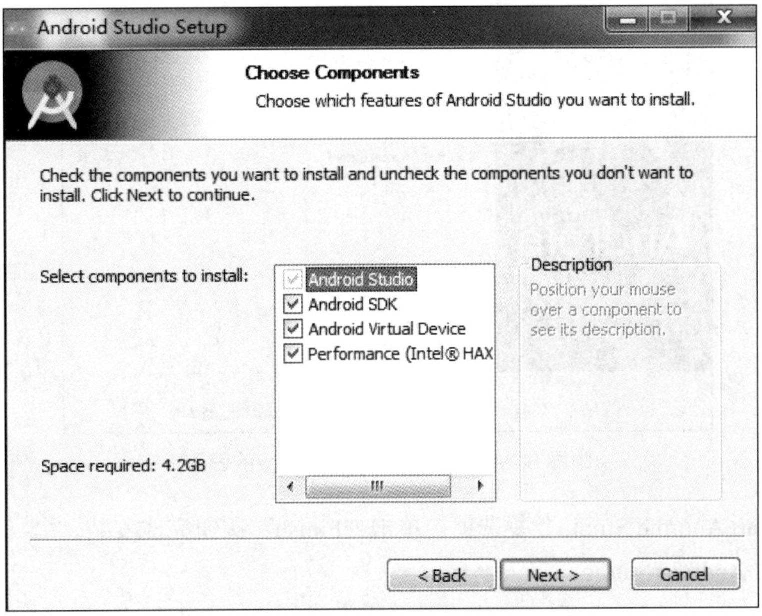

附图 4 安装 Android Studio（1）

如附图 5 所示，开始下载组件，这一步能否成功的关键是能否成功连接谷歌公司的网站。

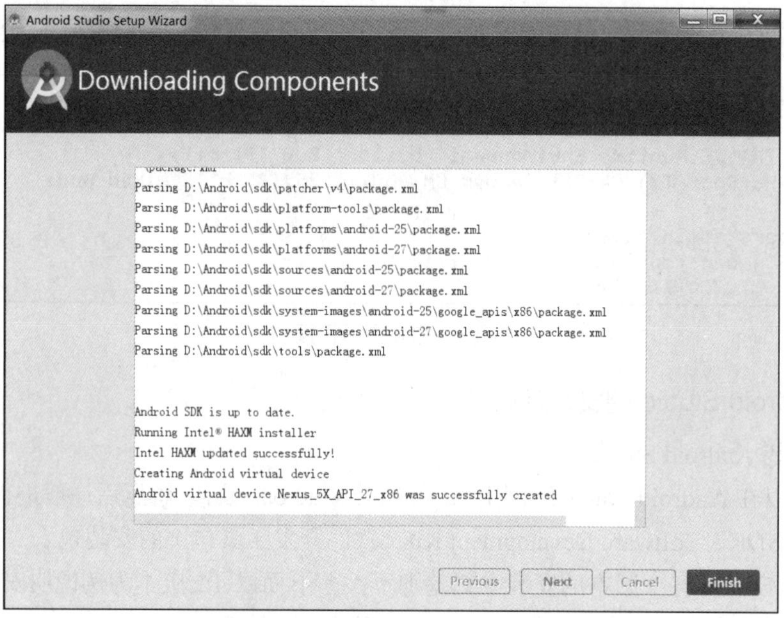

附图 5　安装 Android Studio（2）

安装结束会出现附图 6 所示的界面。

附图 6　Android Studio 安装结束的界面

勾选“Start Android Studio”复选框，单击“Finish”按钮完成安装。

（2）启动 Android Studio。

成功安装 Android Studio 后，可以在计算机中找到 Android Studio 程序标识。

单击标识启动 Android Studio，启动后会出现附图 7 所示的界面，可以新建 Android 项目，也可以打开已经建立的 Android 项目。Android Studio 能正常使用后，屏幕右下角会自动提示和询问用户是否升级到最新版本，同意升级即可。

4．新建 Android 项目

（1）单击附图 7 中的“Create New Project”，创建一个新的 Android 项目。

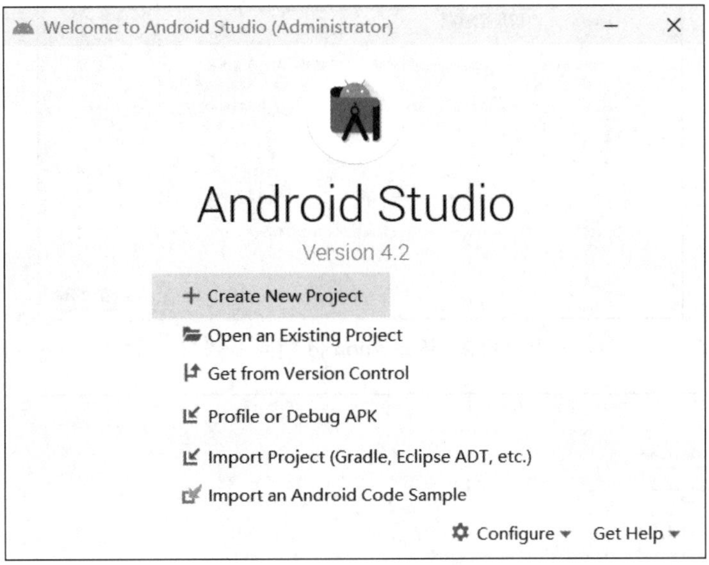

附图 7　新建 Android 项目（1）

（2）在附图 8 所示的“New Project”界面中选择“Empty Activity”，确定后单击“Next”按钮进入下一步操作。

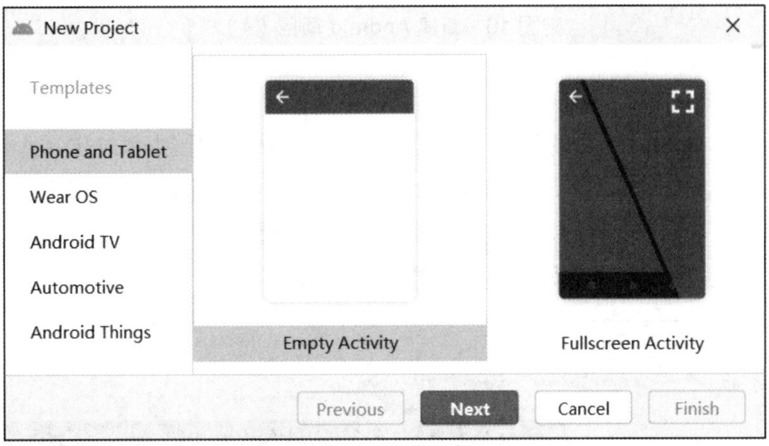

附图 8　新建 Android 项目（2）

（3）在附图 9 所示的界面中，输入 App 的名称、包名等信息，选择最低支持的 Android 版本，单击“Finish”按钮完成 Android 项目的创建。

（4）进入附图 10 所示的界面则说明项目创建成功，常用的开发视图是“Android”视图和“Project”视图。

此项目不用做任何修改就可以运行，但测试时需要模拟器或连接到 Android 手机。

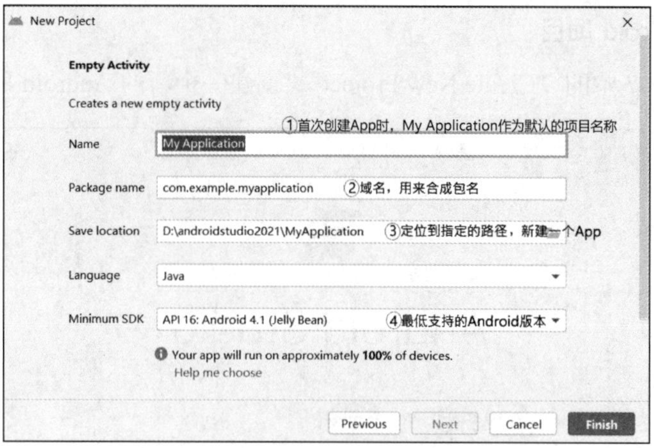

附图 9　新建 Android 项目（3）

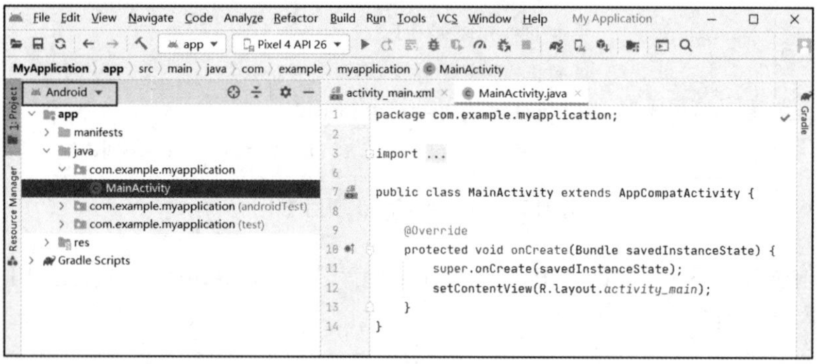

附图 10　新建 Android 项目（4）

5. 创建 AVD

为使 Android Studio 应用程序可以在模拟器上运行，必须创建 AVD（Android Virtual Device，Android 虚拟设备）。Android Studio 可设置虚拟机加速程序可使用的最大内存，如果计算机配置还不错，保持默认设置 2GB 即可，如果配置比较低，就设置为 1GB 以下。

（1）单击图标启动 AVD 管理器，如附图 11 所示。

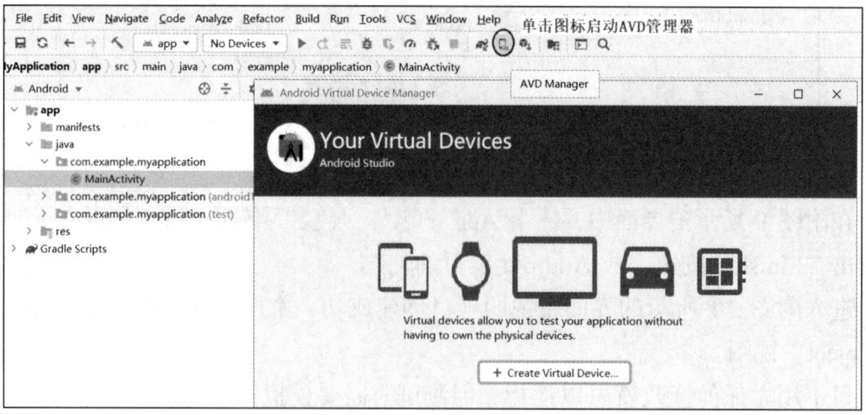

附图 11　启动 AVD 管理器

也可以选择“Tools”→“AVD Manager”命令，启动 AVD 管理器。

（2）在“Virtual Device Configuration”界面中选择合适的硬件，选定后单击“Next”按钮进入“System Image”界面，如附图 12 所示。

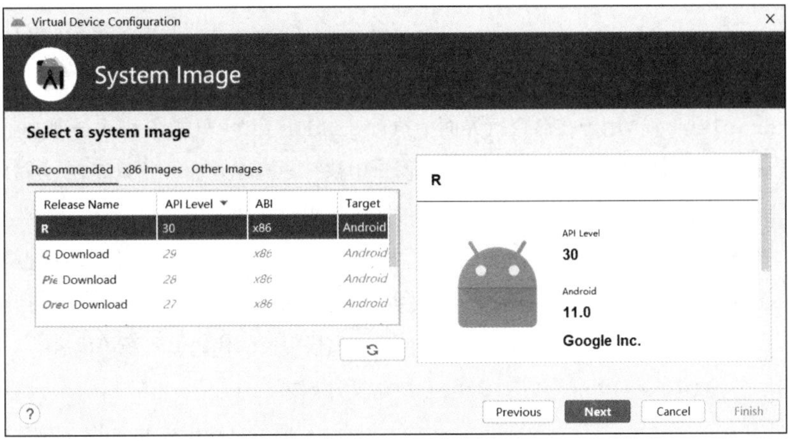

附图 12　“System Image”界面

（3）选择合适的 AVD 及其基于的 API 结构类型与版本，单击“Next”按钮进入 AVD 的参数配置与确认界面。

（4）在 AVD 的参数配置与确认界面中，可以单击“Hide Advanced Settings”按钮对 AVD 进行进一步的配置，配置好后单击“Finish”按钮，即可完成 AVD 的创建。

（5）直接运行附图 10 新建的 Android 项目，如果看到 AVD 上的应用得到运行，就说明开发环境已经搭建成功。

6. 在手机上测试

如果有 Android 手机，把测试好的项目上传到手机，项目会比在 AVD 上运行流畅得多，步骤如下。

（1）用数据线将手机连接到计算机。

（2）设置手机，打开设备的 USB（Universal Serial Bus，通用串行总线）调试功能，开启开发者选项。

（3）打开 Android Studio，单击工具栏中的“Run”按钮，进入“Edit Configurations”界面，选中“Target Device”菜单的“USB device”选项，然后单击“OK”按钮，下方的“Android Monitor”面板就会显示添加的 Android 手机。单击手机屏幕同意安装 App，即可在手机上测试 App。

7. Android Studio 项目结构

下面认识一下创建好的项目到底有什么样的结构，建议读者把自己的项目对照下面的 Android Studio 项目结构来理解。

Android Studio 的项目结构如下。

```
├─.gradle 系统自动生成的 Gradle 目录（不用关心）
```

```
├─.idea    系统自动生成的环境配置目录，包括版权、字典、JAR 包信息、项目名称、编译信息等
│ .gitignore    Git 忽略文件列表
│ build.gradle      项目全局的 Gradle 构建脚本
│ gradle.properties 全局的 Gradle 配置文件，配置的属性会影响项目中所有的 Gradle 编译版本
│ gradlew      用于在命令行界面中执行 gradle 命令（只能在 Linux 或 mac OS 中使用）
│ gradlew.bat  用于在命令提示符窗口中执行 gradle 命令（只能在 Windows 中使用）
│ local.properties  本地属性文件，用于指定本地 Android SDK 路径
│ MyApplication.iml IntelliJ IDEA 项目自动生成的文件（不用关心）
│ settings.gradle  用于指定项目中所有引入的模块（不用关心）
├─app                  Module 目录，包括项目的代码、资源等内容
│ │ .gitignore              Git 忽略文件列表
│ │ app.iml               IntelliJ IDEA 项目自动生成的文件（不用关心）
│ │ build.gradle              当前 Module 的 Gradle 编译文件
│ │ proguard-rules.pro      proguard 混淆文件
│ │
│ ├─build  系统自动生成的当前 Module 的编译目录，相当于 Eclipse 中默认 Java 项目的 bin
│       目录。编译生成的 APK 在此目录下
│ ├─libs   JAR 依赖包存放目录
│ └─src    Java 源代码存放目录
│     ├─androidTest  用于编写 Android 测试用例
│     ├─test  用于编写 Unit 测试用例
│     └─main  主目录（存放 Java 文件、资源、项目配置文件）
│         ├─AndroidManifest.xml   项目配置文件，用于给应用程序添加权限声明等
│         ├─java         Java 源程序目录
│         └─res          资源文件目录
│             ├─drawable  图片资源
│             ├─layout     界面布局目录
│             │     activity_main.xml
│             ├─menu   存放菜单 XML 文件
│             │     menu_main.xml
│             ├─mipmap-hdpi              高分辨率图标
│             │     ic_launcher.png
│             ├─mipmap-mdpi              中间分辨率图标
│             │     ic_launcher.png
│             ├─mipmap-xhdpi             特高分辨率图标
```

```
|            |     ic_launcher.png
|            ├─mipmap-xxhdpi          超高分辨率图标
|            |     ic_launcher.png
|            ├─values  专门存放应用使用到的各种类型的数据
|            |     strings.xml 定义字符串资源
|            |     arrays.xml 定义数组资源
|            |     colors.xml 定义颜色资源
|            |     dimens.xml 定义尺寸数据
|            |     styles.xml 定义样式
|            |     attrs.xml 自定义组件属性设计（自定义）
|            └─values-w820dp 屏幕最小宽度为 820dp
|                   dimens.xml
├─build    系统自动生成的项目空间的编译目录
└─gradle   Gradle 目录，包含 Gradle Wrapper 的配置文件
   └─wrapper   Gradle Wrapper 可以看作对 Gradle 的封装，它可以让没有安装 Gradle
         的计算机使用 Gradle 进行构建（不用干预）
         gradle-wrapper.jar   Gradle 下载的 JAR 包缓存
         gradle-wrapper.properties   声明了当前项目使用的 Gradle 版本
```

8. 软件字体等常用设置

Android Studio 用户可根据需要修改界面和代码字体大小等。

（1）修改主题及标签的字体。

步骤：选择“File”→“Settings”→“Appearance & Behavior”→“Appearance”命令，打开修改界面，即可进行主题修改、字体修改、字号修改等。

（2）设置鼠标热键改变字体大小。

步骤：选择“File”→“Settings”→“Keymap”命令；然后在“Editor Actions”中找到“Decrease Font Size”和“Increase Font Size”，或者直接搜索“font”，如附图 13 所示。

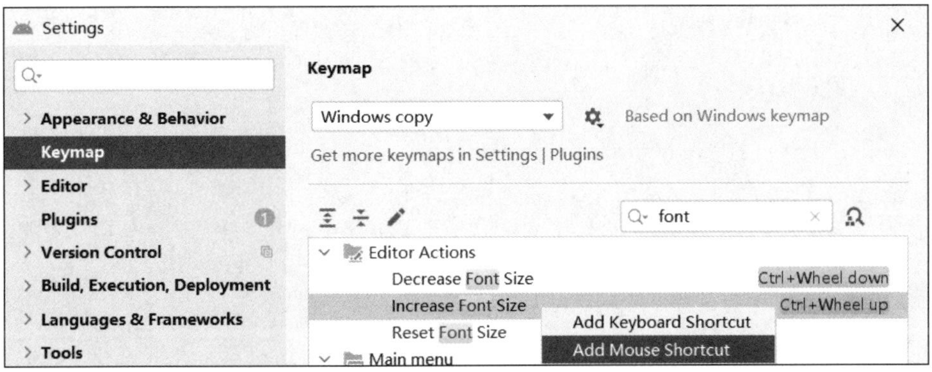

附图 13　创建鼠标热键

在选项“Decrease Font Size”和“Increase Font Size”上单击鼠标右键，出现选项菜单，选择“Add Mouse Shortcut”，出现对话框，按住【Ctrl】键然后向上（或向下）滚动鼠标的中键，即可完成鼠标热键的设置。

（3）显示行号。

步骤：选择“File”→“Settings”→“Editor”→“Appearance”命令，打开修改界面，勾选“Show line numbers”复选框即可。

（4）设置编码。

步骤：选择“File”→“Settings”→“Editor”→“File Encodings”命令，打开修改界面，即可查看和修改编码。

9. Android Studio 帮助文档

要查看帮助文档，用户可访问 Android 中文网站，在顶部单击菜单“文档”，进入 Android Studio 用户指南，即可查看帮助文档，如附图 14 所示。

附图 14　Android Studio 帮助文档